張琬菁◎校閱

喬正康◎主編

校閱序

餐旅心理學是近來逐漸受到重視新的研究領域，因爲只有洞悉觀光客的心理層次需求及消費行爲，才能做出針對性且讓觀光客滿意的服務。但目前市面上既有的關於消費者行爲及心理學方面的書籍繁多，專門針對餐飲、旅遊消費者心理及行爲的書甚少，這本書的出版，也就可以稍稍彌補這方面的缺憾。。

在校閱這本書時，自己感到受益甚多，特別是書中淺顯易懂用來說明的例子。從本書的撰寫內容來看，可知這是一本能與實務界密切配合的觀光學教材，不僅可適用於學習一般觀光事業或餐飲管理課程的教科書，同時也可作爲餐飲界管理主管對員工在職訓練的教材。

在本書付梓之前的各個階段中，我對於許多人所給予的協助深表感謝。首先要感謝揚智文化事業股份有限公司給我這個機會，校閱這本書，尤其是林副總新倫先生致力於出版觀光事業專業書籍的熱忱令我感動；揚智出版社的賴筱彌小姐，熱心地協助和校正編輯讓本書的進度能夠如期完成，最後還要感謝我的朋友祖海和怡嫺，幫忙試閱這本書和從旁給予莫大的支持，讓本書得以順利出版，謹以此書獻給他們。

張琬菁

目錄

第1章 心理學概述

學習目標

1.1 心理學是既古老又年輕的科學

1.2 心理的特質

1.3 人的心理過程

1.4 人的個性心理

案例分析

關鍵概念與名詞

本章摘要

練習題

習題

學習目標

1.瞭解心理學的基本性質及研究對象。

2.瞭解心理的特質。

3.瞭解人的心理過程。

4.瞭解人的個性心理。

心理學的歷史可以追溯到二千多年前的古希臘時代。一百多年來，隨著世界經濟、科學的進步和發展，誕生了現代心理學，而且不同領域的應用心理學分支越來越多，發展越來越迅速。不少專家認為：心理學是超科學的科學，將是二十一世紀最有影響力的科學。

1.1 心理學是既古老又年輕的科學

在兩千多年的發展過程中，心理學只附屬於哲學，而且研究內容也侷限於人的精神和心理問題。十九世紀末，德國心理學家威廉·馮特在萊比錫大學創立了世界上第一個心理學實驗室，採用科學方法對人的心理進行研究，心理學才從哲學分類出來，成為一門獨立的科學。

1.1.1 心理學有悠久的歷史

心理學起源於兩千多年前的古代哲學。從蘇格拉底、柏拉圖、亞里士多德開始，西方古代哲學家們都把對「心」（即心靈、靈魂）的探討作為哲學的主要課題之一。亞里士多德（西元前384-322）的《靈魂論》就是西方古代哲學家研究心理現象的代表作。我國春秋戰國時代的諸子百家中，也有許多關於心理問題的探討，最著名的就是關於人性善惡的爭論：荀子說「性惡」，孟子講「性善」。兵家在戰略戰術上對戰爭心理進行了很多研究，強調「攻心爲上」及「不戰而勝」。楚、漢之戰中，韓信設計了「四面楚歌」的心理戰術，擊破了楚軍的心理防線，獲得重大的戰爭勝利。可以說，這是古代應用心理學非常著名的一個實例。

1.1.2 心理學是研究人的心理和行為的科學

在二十世紀的二〇年代，西方不少心理學家認爲：心理學不光研究人的精神和心理，更主要的是研究心理的外在活動——即人的行爲，他們甚至把心理學界定爲研究人的行爲之科學。從二〇年代到七〇年代，西方心理學界也出現很多派系，例如，「功能學派」、「行爲學派」、「完形學派」及「精神分析學派」等，爭論很激烈。到了七〇年代，心理學家們取得共識：心理學是研究人類心理活動和行爲的一門科學。近三十年來，在生理心理學、實驗心理學和應用心理學方面都有很大的進展。除了教育心理學，還有各種應用心理學，諸如：工業心理學、勞動心理學、工程心理學、軍事心理學、體育心理學、醫學心理學、犯罪心理學、婦女心理學、兒童心理學、服務心理學、旅遊心理學等等。實際上，任何工作和事業都涉及人的心理和行爲，因此應用心理學的新分支不斷出現，其發展之快、範圍之廣、對人類生活和活動的影響之大，使之越來越受到人們的重視。

1.1.3 心理學是二十一世紀最重要的科學之一

隨著世界經濟、科學的快速進步和發展，只有一百多年歷史的現代心理學發展極爲迅速，影響力也越來越大。人是萬物之靈，但對人自身的研究卻不夠，人的潛能究竟有多大 ，迄今仍是個謎。心理學研究的人性問題，遠較任何一門研究「物性」的科學來得困難，且更有深度。心理學研究的人類心理與行爲比任何一門科學的研究更爲重要。其他科學的成就，只能有益於人類物質方面的生存、安全和便利，卻永遠無法促進人類精神生活方面的和諧、快樂與幸福。台灣著名心理學家張春興說：心理學是合於科學而又超乎科學的，也就是說心理學是「超科學的科學」。也有一些科學家斷言：心理學將是二十一世紀最有影響力的科學。

小思考1.1

1.選擇題：

A.心理學是古老的科學

B.心理學是最年輕的科學

C.心理學是既古老又年輕的科學

答案：C

2.選擇題：藺相如「完璧歸趙」，靠的是：

A.國家的強大

B.武功高強

C.心理威嚇力量

答案：C

1.2 心理的特質

1.2.1 心理是「腦」的機能

心理學在二千多年的發展過程中，名與實並不相符。由於西方古代哲學家是研究「心靈」現象，而我國古代哲學家則認爲「心爲思之官」，所以一直把研究心靈、靈魂、思維的學問稱之爲心理學。這從我國漢字的構成也能證明：漢字裡凡是反映和表現心理現象、思維活動的都從心字旁，例如，思、想、情、意、怨、恨等等。明代著名醫學家李時珍（1518-1593）在其不朽著作《本草綱目》卷五十二「人部」中首先提出了「腦爲元神之府」的論斷，認爲腦是高級神經中樞所在，它聚集著人的精神。清代著名醫生王清任（1768-1831）根據他對屍體解剖和大量病理的臨床研究，在其著作《醫林改錯》裡也明確提出「靈機、記性不在心在腦」的科學見解 。到十七世紀，西方的一些學者、醫生經過解剖，也明確提出心理現象是腦和神經組織活動的產物。

所以，心理學應該是「腦理學」，心理的本質是人腦的活動及其外在的行爲。醫學和解剖生理學的專門研究顯示，人的大腦是非常複雜的一部機器，它由一百二十億個以上的特殊細胞構成。這種細胞與人體其他組織或器官的細胞不同，它有特殊的構造，而且具有極度敏感性。人腦的不同部位主管人的各種感覺和機能，例如，視覺、嗅覺、聽覺、觸覺、運動、語言、內分泌等等。若某一部分受傷了，其所管的感覺就會喪失。例如，有的人雙眼構造很正常，但由於專管視覺的腦神經損傷，就失明了。在餐廳裡，我們常可以看到，有的人喝醉了，胡言亂語，這是因爲酒精中毒，大腦管語言的部位受到麻醉，不能正常工作的緣故。

1.2.2 心理是社會客觀現實的反映

人腦是在社會客觀的現實生活中不斷發展起來的。人腦比之於它的祖先類人猿的腦更大、更爲完善。從人的生長發育來看，心理的發展與腦的發育是有非常密切的關係。嬰兒出生時，腦重量爲390克，只有成人腦重量的1/3，九個月時達到660克，相當於成人腦重量 的1/2，二歲半至三歲時爲900～1,000克，達到成人的2/3，七歲兒童的腦重量爲1,280克 ，是成人的9/10，十二歲時已接近成人。兒童隨著年齡增長，頭腦、思維能力和心理也跟著發展。兒童腦的發展是由客觀現實社會（包括：自然條件、社會環境、教育和父母及其他人的影響等等）不斷刺激促使他思維的結果。如果一個人不接觸客觀的現實社會，閉目塞聽，孤陋寡聞，心理也就成爲無本之木、無源之水了。沒有客觀事物作用於人，人的心理活動便不可能產生。印度「狼孩」是很著名的例子：一九二〇年，印度人辛格在狼窩裡發現兩個小女孩 。小的約兩歲，很快就死了，大的約八歲，取名爲卡瑪拉。由於她從小脫離了人

圖1.1 正在吃食的卡瑪拉

的社會生活 ，沒有語言來溝通，沒有家庭、工具，跟狼一起生活，雖然八歲了，卻只具有六個月嬰兒的心理水平。她用四肢爬行，用雙手和膝蓋著地休息，用舌頭舔食流質的食物，只吃扔在地上的肉，從不吃人手裡的東西（圖1.1）。她害怕強光，夜間視覺敏銳，每天深夜嚎叫。她怕火，也怕水，從不讓人幫她洗澡。即使天氣寒冷，她也不穿衣服。經過辛格的悉心照料和教育，她用兩年學會了站立，四年學會了六個單字，六年學會行走，七年學會了四十五個單字，同時學會了用手吃飯，用杯子喝水，但到十七歲臨死時只具有相當於四歲兒童的心理發展水平 。所以，客觀的現實社會是人類心理活動的泉源和內容，心理則是人對現實社會的反應 。

1.2.3 心理具有主觀能動性和個體差異性

前面說過，心理是現實社會在人的頭腦中的反映，不過這種反映不像照鏡子那樣簡單和刻板，而是積極的、主動的反應，有著較大的主觀性。這是因爲每一個人的年齡、文化程度、經歷、個性不一樣，心理活動就不一樣，對同一個事物，會作出不同的反應。例如，一盤「辣椒炒牛肉」，同桌的上海人覺得太辣了，四川人覺得一點都不辣；一位在鄉下工作的公務員到了新竹四星級飯店覺得太豪華了，甚至手足無措，而台北的公務員則覺得還不夠高級，比不上五星級飯店；對《紅樓夢》，千百年來仁者見仁，智者見智，讀者反映差距很大；每年的電影金馬獎，專家與一般觀眾的見解也往往大相逕庭。

即使同一個人對同一事物，在不同時間、環境，不同的心境下，反應也會大不相同的。

例如，有的人年輕時愛吃糖，對甜食十分喜好，年長之後，則往往對甜食比較反感；外國人剛開始對京劇這種東西不能接受，後來他瞭解了京劇，就十分喜歡了；有的人心情好的時候，對服務人員十分寬容，心情不好時就隨便挑剔，甚至「有意找碴」；大詩人李白曾極力讚美君山，說是「淡掃明湖開玉鏡，丹青畫出是君山。」酒醉後則變成「鏟卻君山好，平鋪江水流。」所以，人在不同境遇時，對月亮的陰晴圓缺、天氣的風雨晴雪，植物的榮枯開合都會有不同的心理活動。

小思考1.2

張先生是位老顧客，每次來餐廳都由服務員小王接待並代點酒菜，張先生覺得小王的服務既親切又熱情。今天張先生帶了位朋友來，小王應該：

A.代點酒菜

B.請張先生點酒菜

C.請張先生的朋友點酒菜

想一想，哪一種做法最好?

答案：B

1.3 人的心理過程

心理過程是指心理活動的動態過程，包括：認識過程、情感過程、意志過程。

1.3.1 認識過程

認識是人的最基本的心理活動。人能夠自覺地認識現實的社會，這是人優於其他任何高級動物的地方。所謂認識，就是人透過感覺、知覺、記憶、聯想、思維、想像等對客觀社會現象的反映。這個反映的過程，統稱為認識過程。

1.感覺和知覺

感覺和知覺是經由人的感覺器官對客觀事物所作出的反應，是認識過程的最基本形式。感覺反應事物的個別屬性，例如，顧客來到餐廳，聞到菜的香味，看到點心的顏色，聽到悅耳的背景音樂，吃到美味的菜餚等等。感覺可分為外部感覺（視覺、聽覺、嗅覺、味覺、觸覺等）和內部感覺（運動覺、平衡覺、等）。人體的每一個感覺器官只能在一定限度內起作用，心理學上把能引起感覺的持續一定時間的刺激量稱為「感覺閾限」。感覺閾限的大小反應了人對刺激的感覺能力，即「感受性」，感受性與感覺閾限成反比。人能感覺到的兩個刺激物之間的差別叫差別閾限，又叫「最小感覺差」。德國生物學家創立的韋伯定律指出：差別閾限與原刺激物的強度之比是一個常數，刺激強度越高，差別閾限也越高，最小感覺差也越大。這個定律在企業經營中應用很廣，比如，參加半自助旅行團的旅遊，價錢如由18,000元提高到19,000元，旅遊者不大會介意；到某個景點，門票從原來的450元提到600元，就會使人感到漲幅太大，心理上較難接受。

知覺反應的是事物的整體屬性，比感覺更進一步，比如一個蘋果，視覺上是看到它的形狀及色彩，嗅覺是聞到它的氣味，觸覺是感到它光滑的表皮，然後綜合起來知道這是蘋果，這便是知覺。

知覺比感覺複雜得多，而且跟人的知識、經驗、態度等主觀因素有較大關係。如人們總是以自己過去的經驗說明感覺，使一個具體的知覺具有整體性。制約知覺整體性的因素主要有大小、遠近、相似、連續、方位等等。知覺有選擇性，人們在大千世界中總是把跟自己有關係或對自己有意義的事作爲知覺對象，而且對他們的知覺特別清晰。比如，騎自行車的人可以一眼從車庫裡認出自己的自行車來；媽媽可以一下子從幼稚園眾多的孩子中看到自己的子女；飢餓的人在鬧區內，對不是餐廳的商店幾乎沒有任何興趣等等。知覺又有理解性，人總是憑藉以往的知識經驗來理解事物，確定它的名稱和特性。比如，人們根據已有的知識能迅速區別飯店的櫃檯、機場的櫃檯、大公司的會客室和銀行的服務台。此外，知覺的理解性還能使知覺的速度提高，使知覺更爲精確、深刻。例如，人們進餐時聽了服務小姐對「東坡肉」的典故介紹，提高了食慾；遊覽三峽時聽導遊介紹神女峰的來歷後印象更深刻。知覺還有恆常性，當知覺的條件發生改變時，由於以往知識和經驗的影響，知覺的印象仍然保持相對穩定。例如，多年不見的老朋友仍能憑藉以前的印象彼此相認，老兵回鄉仍能對變化許多的家園依稀分辨。由於知覺有恆常性，人們才能在不同的情況下始終按照事物的眞實面貌加以反應，這對適應不斷變化的環境是十分重要的。

2.記憶和聯想

人不僅能夠記住事物，而且能在必要時記憶起被記住過的事物。記憶包括：識記、保持、再確認和回憶四個環節：識記是識別和記住事物的過程，尤其是識別和記住事物的特徵；保持是留住已獲得的知覺的過程；當經歷過的事物被記住的事物再次出現時，能把它明確無誤地認出來，這就是再確認；對經歷過的事物已不記得，再把它回想起來的過程，叫做回憶。記憶對於從事餐旅工作的管理人員和服務人員來說，是十分重要的心理活動和心理特質。餐旅工作的服務對象是要求享受服務產品的形形色色的顧客。記住老顧客或熟客，掌握他們的特點是非常重要的。

聯想是由一個事物想到另一個事物。聯想常常是由眼前事物「觸景生情」，或是頭腦裡曾經記住過的事物所引起。如提到台北就會想起首都、西門町、忠孝東路、世貿中心；講起佛教就會想起佛教四大名山；談到中國菜就會聯想到四大菜系等等。聯想由於反應的兩個或兩個以上的事物的關係不同，可分爲接近聯想、相似聯想、對比聯想、關係聯想等。聯想在導遊活動中有很重要的作用，研究和利用這種由此及彼的聯想過程，對瞭解顧客的心理活動，根據不同團隊及成員的情況，適當變化解說內容或路線，變化一些菜色，從而滿足顧客的需求，是很有幫助的。

3.思維和想像

思維是人在行動中產生和發展起來的一種高級心理活動。它是憑藉人對大量已感知事物的特徵進行概念、判斷、推理、分析、綜合、抽象和概括一系列心理活動的過程。思維不但可以借助已知的事物進行，還可以通過語言、文字等和已感知的一些事物的特徵去判斷和理解那些沒有感覺到的或根本無法感覺的事物。如中醫通過「望、聞、問、切」即可對複雜的病症進行「對症下藥」；科學家通過已知的定律、定理、法則推知未知的事物的特徵、規律；氣象學家根據氣象雲圖預報天氣；地震學家根據潮汐、動植物變化等預測地震災害；心理學家可以根據病人的言語、行爲給予心理治療等等。思維是在行動中產生和發展的，思維正確與否也只能通過行動去檢驗。餐旅管理與服務工作者要思維靈活，對市場情況進行科學的、全面的分析和概括，並迅速、靈活地作出結論，才能使企業的經營獲得成功。

想像跟思維的關係十分密切。想像實際上是思維的一種特殊形態，即利用頭腦中已有的知識、經驗去設想、創造新的事物

(包括：新的法則、原理等等)。想像有無意想像和有意想像，前者如莊子的「逍遙遊」(任憑自己海闊天空地想)，後者如科學家根據已知條件對未來現象的思考和推論。想像是創造思維的泉源，培養創業意識和創業精神離不開想像。富有想像力和創業精神的餐旅企業家常會獲得意外的成功。如日本的倒立式旅館(參閱本書第10章第1節)，奧地利維也納的亨德爾特瓦塞爾建築(福利埃登斯雷克・亨德爾特瓦塞爾是著名的畫家、建築設計師。他設計的建築強調符合生態平衡和模仿自然，如地面是不平的，窗戶有大有小，高高低低，窗戶裡長樹，線條是不規則的。)都因其特殊的創意受到矚目，並得到巨大的經濟效益。

4.注意

注意是一切心理活動的開端，不注意就不可能產生對事物的感性和理性的活動，也就是說，不注意就不會有感覺、知覺，不會有記憶、聯想，也不會有思維和想像。注意分無心注意和有心注意兩種。無心注意是自發的，不需要作任何主觀的努力。無心注意往往是因符合自己興趣愛好或某些強烈刺激引起的，如「追星族」突然看到歌星、球星，「舞迷」突然聽到舞曲的聲音，「美食家」聞到食品的香味，「旅行家」突然發現一個新景點的廣告等等。有心注意是有意識、有選擇性地針對特定對象的指向和集中，並進行科學研究，企業經營決策時就是有心注意的結果。因爲決策要避開和抑制那些與自己的決策無關，甚至種種知覺、經驗的干擾，把注意力集中到能反映事物本質特徵的重要因素上來，通過思維和想像，得出正確的結論。

1.問答：知覺的四種特性是哪些？

答案：A.整體性B.理解性C.選擇性D.恆常性

2.是非：

A.上課聽講應該無心注意

B.做作業時要有心注意

C.在總台服務時可以看報或聊天

答案：A非、B是、C非

1.3.2 情感過程

「人非草木，孰能無情」？「人有七情六慾」。這些都是古人對人的情感心理活動的描述 。情感（包括：情感和情緒）是人對客觀事物所持態度的表現。人的需要既有生物性的，例如，衣、食、住、行、求偶、安全等等的需要；又有社會性的，例如，學習知識，創造，追求美、實現理想等等。

情緒一般指生理的需要與較低級的內心體驗，例如，吃飽了感到滿足等。情感則多指人的社會性需要與人的意識緊密聯繫的內心體驗。例如，買到了件喜歡的衣服感到的美好和滿足（不僅僅是禦寒的需要得到了滿足），找到滿意的工作時的喜悅，向受災地區捐贈衣物後心理上感到輕鬆與滿足等等。

情緒一般是外顯的，可以從人的外部表現觀察到，例如，笑、哭、憂傷、怨恨等等。有的顧客吃到美味和看到美景時會讚不絕口，有的顧客遇到客房冷氣機故障、抽水馬桶不通時會生氣，甚至大吼大叫等等。情感是較內心層次的，它是在人的社會實踐過程中產生和發展起來的，因此帶有社會性和歷史性，具有較大的穩定性和深刻性。比如，一個總經理在企業開張的前一天爸爸去世了，他很悲傷，但第二天舉行開幕典禮時，他克制住自己的情緒，從容鎮定，十分得體地接待客人。因爲他知道，作爲一個總經理，他必須暫時壓抑個人的悲痛，這是工作的需要，也是履行社會和企業責任的需要。生活在社會中的每一個人，既不能只是僅從外表觀察人的情感，也不能任何時候都不加掩飾地暴露自己的情緒。

1.3.3 意志過程

意志與人的思維活動關係非常密切、反應人主動的行爲過程中之心理活動。所謂主動的，即是排除了那些不由自主的所謂「下意識」活動的心理（例如，皮膚癢了去抓，打呵欠及一些習慣動作等）。意志過程有兩個顯著的特點：第一，它是有目的、有意識的心理活動。人爲了達到某種目的或要改變客觀事物，要確立目標、制定計畫、選擇完成計畫的方式，要堅持不懈地努力、克服困難去加以實現。第二，意志對人的行爲有很大的調節功能。當目的不能達到、計畫不能實現時，意志能使人改變目標和計畫，或是選擇另外的方式和方法。餐旅業的經理人發現自己的經營方向和方式不適應社會市場的需求時，就要透過調查、研究，調整自己企業的經營方向和方式。例如，台灣的餐飲業近幾年來經營各國及各式料理風行，有時候火鍋流行，有時候西餐當令，企業經理人調查消費者的飲食需求，分析情況，既不趕時髦，又不一成不變，才能創新點子，把企業辦出特色，近悅遠來。

人與動物不同，人在遇到惡劣環境或在工作中遇到阻力、生活中遇到困難時，不應採取迴避、消極適應的辦法。而要克服困難，努力奮鬥，從而改變客觀環境，逐步達到自己的目的。這種靠堅強意志想辦法戰勝困難、達到目的的心理過程，即是意志的作用。

1.4 人的個性心理

人的心理活動包括前述的心理過程和人的個性心理。個性心理主要指個性心理特徵和個性傾向。個性心理特徵主要表現在一個人的氣質、能力、性格等方面；個性傾向主要表現在興趣、需要、動機等方面，但二者論點是一致的。由於人的個性是懸殊極大的，正如「人心不同，各如其面」的說法一樣。心理學家們對個性的闡述也是眾說紛紜，因此，這裡只能對個性的主要特徵從大的方面作一些敘述，而把個性的傾向性留待以後的章節裡結合對餐旅顧客的動機、態度、決策的探討時加以說明。

1.4.1 個性的形成和發展

按照多數心理學家比較一致的說法，個性是比較穩定的，有別於其他人的興趣、氣質、能力、性格等綜合性的心理特徵。個性的形成和發展主要受三個重要因素的影響：第一是先天的遺傳，這是個性產生和發展的基礎。第二是社會，特別是家庭的影響。社會因素中，學校的影響也很大，但最大的影響是家庭，這與遺傳因素有關，而且一個人個性形成和發展的最重要時期——青少年時期，2/3的生活時間是在家庭裡渡過的，其父母及其他家庭成員對他的影響很大，所謂「有其父必有其子」、「不是一家人（指個性類似）不進一家門」，是有一定道理的。第三是社會生活實踐的影響。社會生活實踐的影響是個性發展的主要途徑 。一個人的個性形成後仍會在變化的。社會角色的轉變，如從一個普通公務員升職為較高階的管理職務後，其個性也會有一定的變化，其他如生活環境的變化、家庭較大的變故、宗教的影響等等，都會使人的個性產生變化。

1.4.2 個性的基本類型

個性是懸殊很大的，心理學家們對個性的研究很多，著作也很豐富。最著名的是奧地利心理學家佛洛伊德（1856-1939）的精神分析論，他用人的本能，特別是性本能來解釋人的個性和其他心理活動，把個性結構分為「本我」、「自我」、「超我」三種，並以衝突、焦慮以及各種防衛作用等觀念解釋三者之間的關係。醫生兼心理學家艾森克認為個性有四種類型：穩定外向型，穩定內向型，不穩定外向型和不穩定內向型。心理學家矢田部達朗和吉爾福特兩人把個性分為十二種特質，並進而歸納為A、B、C、D、E五種類型。阿爾彼特則根據個人的價值觀把人的個性分為具有六種價值傾向的類型：即理論型、經濟型、藝術型、社會型、政治型、宗教型。最常見、最普通、應用最廣泛的是把人性分為內向型、外向型和中間型三大類（圖1.2）。內向型的人往往愛好學習、沉默寡言，不善與人交際；他們目的性強，時間觀念嚴格，做事按部就班，一絲不苟，善於思考分析；他們不大喜愛熱烈盛大的場面，喜歡獨自聽音樂、閱讀或看電視；他們參與餐旅活動時，一般要求到熟悉或瞭解的地方去，乘搭熟悉或自認為安全的交通工具，吃愛吃的食物，住房人要少，最好不要有陌生人等等。外向型的人，則與內向型的人相反：他們好動、熱情、喜歡高談闊論；他們善於與人交際，常常一見如故；他們目的性不強，常因臨時發生的事或遇到熟人影響工作生活計畫；他們不愛

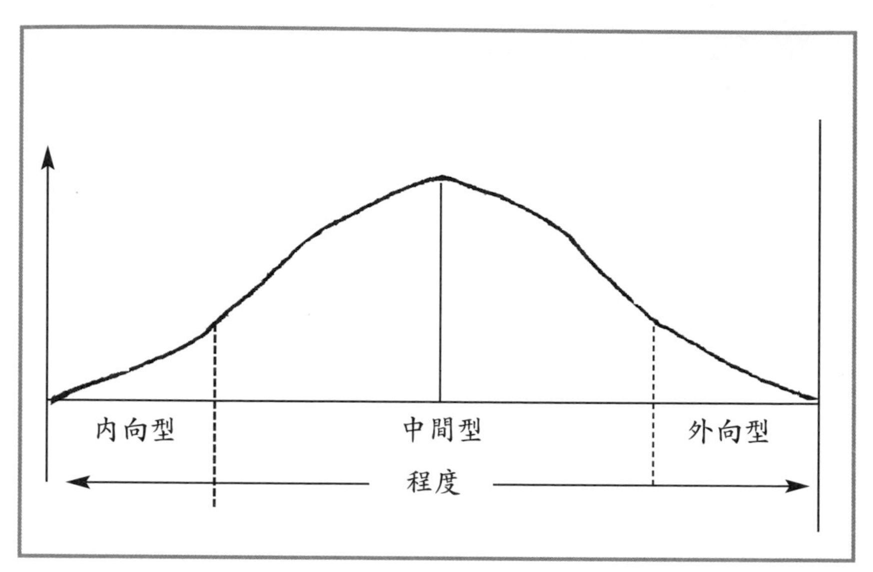

圖1.2 各種個性人的分布圖

動腦子思考，很隨和，做事容易丟三落四；他們大方、心胸比較開闊，喜歡冒險，喜歡人多熱鬧的環境；他們參與餐旅活動時，常常要求到新奇、有刺激的地方去，吃沒有吃過的食物，搭乘快速的交通工具等等。

眞正的純內向型或外向型的個性的人是較少的，多數是中間型或中間偏內向型、中間偏外向型個性的人。

問答：

1.個性形成和發展的因素有哪些？

答案：A.先天的遺傳B.社會特別是家庭的影響C.社會生活實踐的影響。

2.最常見的看法，把個性分成哪三種類型？

答案：A.內向型B.外向型C.中間型。

1.4.3 個性的基本特徵

1.氣質

氣質主要指人的心理活動進行的速度、強度及靈活性等，也就是人們平時所說的脾氣或性情。氣質是一個人天生的心理活動特徵，後天是比較難以改變的。如有的人生性好動，有的人沉默寡言，有的人情感豐富，有的人城府極深，有的人反應迅速，有的人慢條斯理等等。古希臘醫生希波克拉底和羅馬醫生蓋倫把人的氣質分爲四大類及其特徵如（表1.1）。

他們提出的這四種氣質類型及其表現，至今仍被人們廣泛使用。但在日常生活中，除了有較顯著的一種氣質的代表人物之外，大多數人是傾向於某一種而兼具各種氣質的某些特徵的結合，屬於混合型。

瞭解氣質的特點，對工作和生活有一定的意義，特別是餐旅業從業人員，需要時時跟人打交道，爲人服務，瞭解自己的氣質類型可以自覺性地揚長避短，調節和控制自己的言行；瞭解顧客

表1.1 氣質的分類及表現

類型	特點
多血質	活潑、好動、敏感，反應迅速，喜歡與人交往，注意力容易轉移，興趣和情緒容易變換，具有外傾性
粘液質	安靜、穩重，反應緩慢，沉默寡言，情緒不易外露，注意穩定並難於轉移，善於忍耐，具有內傾性
膽汁質	直率、熱情，精力旺盛，脾氣急躁，情緒興奮性高，容易衝動，反應迅速，心境變換劇烈，具有外傾性
抑鬱質	情緒體驗深刻，孤僻，行動遲緩而且不強烈，具有很高的感受性，善於發現細節，具有內傾性

的氣質類型，對客人可以主動迎合，給予適當的服務；企業經理人和管理人員在安排工作或實施管理工作時可以因人而異，提高工作效率。

2.能力

能力是完成工作和各種活動的的基本因素，即從事工作或活動的必備條件。能力既有與生俱來，也有後天在生活、工作中累積和發展起來的。人們要完成工作或某種活動，需要多種能力的配合。能力分爲一般能力（例如，觀察能力、記憶能力、表達能力、想像能力、 思維能力等）和特殊能力（例如，運算能力、辨別能力、組織能力等等）。人的能力有大小，但能力是可以透過學習鍛鍊提高的。由於工作要求，餐旅工作者特別要具有觀察力、記憶力、注意力、調節情感的能力以及不同職位的專長。要有「只要功夫深，鐵杵磨成針」的毅力，苦練各種技能，才能高效率、高品質做好各項服務工作。

3.性格

性格是人對現實的態度和行為的一種穩定的心理特徵。它是個性中最關鍵的部分。由於人的氣質類型各有不同，能力有強弱之別，因而表明其個體差異，性格卻是比較穩定的，因而最能體現個性的心理特徵。人的性格主要是經由後天的環境形成的，是現實社會關係在頭腦中的反應。一個人做什麼，怎麼做，總跟人與人之間的關係相密切，並受道德規範的約束。性格顯現一個人的行為方向和行為的結果。它既可能造福於社會，也可能貽害於社會。所以，性格有好壞之別。如公而忘私、見義勇為、與人為善是好的性格；損人利己、冷酷殘忍等是壞的性格。有些性格特徵如傲慢、謙虛、自尊、虛榮心等雖屬個人道德的範疇，但也影響人與人的關係，影響工作或活動的發展。加強自我修養，以養成好的性格，對己、對人、對工作、對社會都是十分重要且有意義的。

小思考1.5

1.是非：張某原是機械場的資深鉗工，因企業結構調整，轉任到某飯店電氣空調維修組，技術不大適應。其組長認爲他能力低，要他離職。組長的看法對嗎？

答案：不對。

2.簡答：下列兩種氣質的人分別屬於多血質、粘液質、膽汁質、抑鬱質四種類型的哪一種？第一組：活潑好動，易喜易悲，喜歡交往，不會記仇；第二組：細心，一絲不苟，孤僻，不愛與人交往，善於思考。

答案：第一組屬多血質，第二組屬抑鬱質。

3.是非：驕傲自大、不合群是個人性格問題，無關大局，可以聽之任之。對不對？

答案：不對。

案例分析

我國是一個多民族的國家，除漢族外，還有五十六個少數民族。有些少數民族如回族、滿族在全國大部分地區都有其成員，而朝鮮族、白族、彝族、愛尼族等等，往往只聚居在一定的範圍裡；個別人數很少的民族如東巴族、布依族等分布的區域極小。由於歷史的原因加上交通閉塞等等，有些少數民族經濟落後，還在使用比較原始的生產工具過著狩獵、捕魚或刀耕火種的生活。最典型的是雲南還有一個女系原始社會的「女兒國」存在。那裡沒有任何現代文明可言，不要說電視機、電燈、電話，就連火柴、食鹽等等都靠「走婚」（在規定的一段時間的夜晚能進入女兒國的男人）的人帶進去。但是，近年經濟繁榮，那裡有了迅速的變化，旅遊事業開始萌芽，也有人開旅館「做生意」了， 那裡的生活用品一下子「現代化」了。婦女們知道了很多外界的事，對她們來說，眞的是「一天等於二十年」，甚至一年就走過了一千年！

思考題

1.雲南的「女兒國」的女人們從排斥一切男性和外人（特定的時間除外），到開旅館做生意，這種巨大的變化從心理學角度應如何解釋？

提示：心理和行爲是社會現實環境的反應，她們的現實環境發生了巨大的變化，心理和行爲也必然發生巨大的變化。

關鍵概念與名詞

威廉・馮特	心理學
心理的本質	主觀能動性
個體差異性	心理過程
感覺和知覺	記憶和聯想
思維和想像	注意
情緒、情感	意志
個性心理	個性的三大類型
氣質	能力
性格	

本章摘要

本章概述了心理學的簡史及其對二十一世紀經濟和社會發展的重要性，並對其概念作了扼要闡述，要點如下：

1.心理學是研究人的心理活動和行爲的一門科學。

2.心理的特質是人腦的活動及其外在的行爲。心理活動是現實社會的反應，沒有現實環境的刺激（例如，狼孩），就不會有心理活動。現實環境改變了，人的心理也會有所改變。

3.心理活動具有主觀性和個體差異性的特性：對社會現實的反應不但因人而異，即使同一個人，在不同時期、不同心境時對同一事物也會有不同的反映。

4.人的心理過程是指心理活動的動態過程，包括：認識過程、情感過程和意志過程。認識過程主要是指感覺和知覺、記憶和聯想、思維和想像、注意等等；情感過程主要指比較外在的情緒和內在的情感；意志過程是指人在遇到惡劣環境或工作阻力時，主動想辦法克服困難、努力奮鬥，從而改變環境，逐步達到自己目的的心理和行爲活動的過程。

5.個性心理包含個性特徵和個性傾向性。個性特徵主要表現在氣質、能力、性格諸方面；個性傾向則表現在興趣、需要、動機等，但二者的論點是一致的。個性的形成既有先天遺傳的影響，又受後天家庭、學校和社會的深遠影響。

6.人的個性分類比較常見、應用最廣泛的是分爲：內向型、外向型和中間型三類。但眞正內向型或外向型的人是比較少的，多數是中間型的人。

7.氣質一般分爲多血質、粘液質、膽汁質、抑鬱質四種類型。大多數人都是以一種類型爲主而兼有其他氣質類型的綜合型。

8.能力雖有先天的因素，但要加強後天的學習，培養和鍛鍊。在市場經濟條件下，人要培養新的能力，特別是專業能力，才能適應工作變動的需要。

9.性格是個性中最關鍵的部分，也是最穩定的部分。加強自我修養，養成好的性格，對己、對人、對工作、對社會都是十分重要且有意義的。

練習題

1.1 什麼是心理學？
1.2 心理的本質是什麼？
1.3 簡述四種氣質類型的特點。
1.4 簡述三種不同個性的基本特點。
1.5 一個人的能力不是一成不變的，爲什麼？
1.6 人的個性心理特徵表現在哪幾方面？

習題

1.1 爲什麼說心理學是既古老又年輕的科學？
1.2 心理過程有哪幾種，其特點是什麼？
1.3 舉例說明心理活動的主觀能動性和個體差異性。
1.4 人的個性傾向主要表現在哪幾方面？
1.5 試述養成好的性格的重要性及其作用。
1.6 觀察分析周圍的同學、朋友的個性特點，試將他們的個性分類。

第2章 餐旅與心理學

學習目標

2.1 餐旅心理學的重要性
2.2 餐旅心理學的研究根據和方法
案例分析
關鍵概念與名詞
本章摘要
練習題
習題

學習目標

1.瞭解我國餐旅業的特點，瞭解餐旅業的發展對心理學的需求。
2.瞭解餐旅心理學的目的和作用。
3.瞭解餐旅心理學的研究根據。
4.掌握餐旅心理學的研究方法。

餐飲旅遊業（以下簡稱餐旅業）是我國第三產業的支柱之一，在我國經濟上佔有很重要的地位。近年來，餐旅業的發展更加迅速。在台灣即將加入「WTO」之際，餐旅業的發展定會迎向前所未有的新時代。因此，如何運用普通心理學的一般原理和應用心理學的技術，來研究餐旅顧客和餐旅業從業人員的心理，進而找出餐旅服務和管理過程中的心理和行爲，提昇餐旅管理與服務工作，使餐旅業加速國際化，爲經濟發展做更大的貢獻，這是時代的需要，也是餐旅業發展的需要。

2.1 餐旅心理學的重要性

2.1.1 我國餐旅業的特點

1.餐飲在旅遊中占有重要地位

我國旅遊事業不同於世界各國的是餐飲在旅遊中占有十分重要的地位。豐富多彩的餐飲文化，數萬種的餐點特色，不勝枚舉的美酒、茗茶，獨特的烹飪技術。很多遊客都會慕名而來，想品嚐道地的台灣小吃，對台灣小吃讚不絕口。所以，台灣的餐飲文化也是招徠顧客的重要手段之一。

(1) 中餐的淵源

中餐的淵源可以追溯到三千年前的中國奴隸社會。主人們經常享受用精美的陶器、青銅器爲他們精心烹煮的各種菜餚、糕點，喝著美酒，歡歌盛會。流傳至今的「八珍」就是當時著名的八種菜餚。《詩經》裡記載當時食用魚有十九種、鳥類三十八種。《楚辭・招魂》也反應了奴隸社會長江流域菜色的豐富和特色：酸、甜、苦、辣、鹹五味俱全，菜色、冷飲齊備，烹飪技術變化多端。在奴隸社會，我國烹飪技術已達到很高的水準。

(2) 中餐幫派衆多

清末民初，我國餐飲的魯、蘇、川、粵四大菜系已正式成形成，而且出現了閩、浙、徽、湘、京、海、鄂、秦等幫派和宮廷菜、寺院素菜、少數民族菜、官府菜（例如，孔府菜）爭奇鬥艷的局面，豐富多樣。魯菜爆、羽、扒等獨特的烹飪技法 ；蘇菜炖、燜、煨、焐、蒸、炒、燒、泥煨、叉烤等等特色烹飪和濃而不膩、淡而不薄、鹹淡適中、清鮮略甜的風味；川菜的多種調味（鹹鮮、鹹甜、家常、麻辣、紅油、椒鹽、魚香、薑汁、香炒等等）和四千多種菜餚。

(3) 對世界餐飲的影響深遠

世界各國人士對中餐倍加青睞。目前我國餐飲文化和烹飪技藝已聞名海內外，對各國人民的飲食習慣、口味影響越來越大。外國朋友也一致認爲：中餐的成就是任何一個國家都比不上的。

2.我國旅遊資源多姿多彩

(1) 人文景觀種類繁多

我國是世界文明古國之一，歷史悠久，民族眾多，文化歷史遺產極其豐富。從石器時代人類早期活動的遺址（例如，北京周口店北京猿人遺址、西安半坡村早期人類遺址）到現代化的上海金融開發區，各個歷史階段都有豐富的旅遊資源，可供選擇的專門旅遊資源種類繁多。

歷史考古旅遊：最著名的有西安秦始皇陵兵馬俑、雲南祿豐恐龍化石群、北京明十三陵、河北滿城漢中山王墓、湖南長沙馬王堆漢墓、浙江餘姚河姆渡新石器遺址等等。

民族考察旅遊：最著名的有雲南轤轂湖母系社會（俗稱「女兒國」）遺存、雲南東巴族象形文字及其文化、西藏藏族風情等等。

古建築考察旅遊：最著名的有北京故宮、陝西黃陵縣黃帝陵建築群，山東曲阜孔廟、孔府、孔林，安徽黟縣古民居，西安碑林、大雁塔，甘肅敦煌石窟、山西大同石窟、河南洛陽龍門石窟，四川樂山淩雲寺大佛，山西應縣木塔，上海外灘西方建築群和陸家嘴現代化建築群（東方明珠電視塔、金茂大廈）等等。

宗教和宗教藝術考察旅遊：最著名的有佛教四大名山（峨嵋山、五台山、普陀山、九華山），道教四大名山（龍虎山、青城山、武當山、茅山），河北承德外八廟、青海塔爾寺、西藏拉薩布達拉宮、大昭寺、北京白雲觀、成都青羊宮等等。

其他如我國特有的園林建築藝術、武術、氣功、醫藥保健、書法、繪畫及各種手工藝品都是很有吸引力的專門旅遊資源。

(2) **自然景觀千姿百態**

中國不但幅員遼闊，各種地形地貌俱備，各種氣候兼有，名山大川、靈泉異洞、草原海灘、奇花異草、獨有禽獸，枚不勝舉；更有剛剛發現的一些原始大峽谷、原始森林，可以說很少有哪一個國家能與中國的旅遊資源相匹敵。

名山大川：長江探源、三峽乘舟、黃河九曲、壺口瀑布、泰山日出、黃山雲海、張家界奇峰、九寨溝異水等等。

靈泉異洞：濟南泉城、打雞溶洞、龍宮地下長河、太原難老泉等等。

草原海灘：內蒙大草原、北戴河海灘、北海海灘等等。

奇花異草：高原雪蓮、揚州瓊花、百裡杜鵑、千種菊花，國色天香的牡丹，獨傲寒霜的梅花等等。

特有珍禽異獸：我國有很多世界特有的珍禽異獸如金絲猴、大熊貓等等。

鑑於我國的旅遊資源極其豐富，歷史文化和自然遺產眾多，中國的餐旅業收入在國民經濟產值中占有的比重逐年提高，已成為主要的無煙囪工業，海內外的遊客紛至沓來。國家旅遊局在一九九九年末開展「二千年神州世紀遊」活動，以「迎接新世紀、歡慶千禧年」為主題，把中國的旅遊事業推向新的高峰。國際旅遊組織早就預測：二十一世紀的旅遊發展重點將是東亞和中國。面對這樣的形勢，更應加強餐旅心理學的探索和研究，逐步建立我國特色的餐旅心理學。

2.1.2 餐旅心理學的淵源

1.應用心理學的發展

在威廉・馮特採用實驗方法來研究心理學，奠定了現代心理學的基礎。在心理學取得獨立學科的地位以來，迅速發展，因而有構造學派、功能學派、行為學派、完形學派等各種學術觀點的爭論，取得了眾多的成果。近二十年來，在生理心理學、實驗心理學特別是應用心理學方面獲得了很大的成就。幾乎每一個大的學科或行業都有專門的應用心理學：例如，工業心理學、教育心理學、管理心理學、銷售心理學、勞工心理學、工程心理學、軍事心理學、旅遊心理學、服務心理學等等。

2.餐旅心理學的提出

由於我國旅遊事業有不同於其他國家旅遊的特點，其中一大產業是餐飲，忽略了這一點，將會降低心理學理論對餐旅實際工作的意義，作為一門應用心理學，也會給人不夠完備的缺憾。

本書定名為《餐旅心理學》，不是標新立異，只是想專於餐飲心理的探討，以使相關學校的師生和從事餐飲、旅遊工作的員工有所獲益。

2.1.3 餐旅心理學的目的和作用

餐旅心理學是應用心理學的一個新的分支。學習和研究餐旅心理學的主要目的和作用可從三方面來著手。

1.研究餐旅顧客的心理和行為

唯有針對餐旅顧客的心理特點和需求有較透徹的瞭解，才能提昇服務品質，使顧客有「賓至如歸」的感覺，獲得心理的滿足。

二十一世紀是亞太的新紀元，相信餐旅事業也將會更蓬勃發展。相對的，競爭也更爲激烈。因此若無法提供高品質的服務，則無法吸引更多的消費者。親切的微笑服務和傳統的美味佳餚加上現代化設施，還不足以應付激烈的競爭，吸引更多的國內外餐旅顧客。必須實際地研究顧客的興趣、需要、動機和個性特點，結合多年服務工作的經驗與教訓，不斷更新服務內容，改善軟、硬體設施，使顧客乘興而來，滿意而歸。

2.結合我國餐旅管理和服務的經驗，研究管理人員和服務人員的心理特點

我國傳統的餐旅管理和服務有一些值得繼承和發揚光大的經驗，國外引進的餐旅管理理論和服務方法也有不少值得學習的經驗和教訓，國內外旅遊、服務、管理、銷售心理學的理論更是不斷提高餐旅管理水準的參考方向。學習新的理論，吸收好的經驗，記取失敗的教訓，從而逐步建立實用的理論來指導餐旅服務工作，幫助餐旅事業的發展。

3.研究餐旅服務過程中主客雙方的心理和行爲

多年來，餐旅業一直秉持著「顧客至上」「顧客永遠是對的」，並要求從業人員要有「顧客至上的觀念」，但不盡人意的事仍會發生。因此便針對服務過程中的主客心理和行爲加以研究。例如，要服務人員把顧客視爲至高無上，首先要讓他們負有職位上的使命感，使他們認同擔任服務人員是至高的行業而非社會地位低微，認同自己所提供的服務是無價的。如此，他們才會接受「顧客至上」，在行動上把顧客視爲至高無上，主動、自覺地針對顧客的各種需求提供一流的服務。在研究餐旅心理學理論的同時，若能提供一些著名的服務明星和員工模範的服務心理和學習心得以及服務技巧，相信對從事服務的人員是相當有益的。

小思考2.1

1.餐旅業只是餐廳、飯店的簡稱。這個說法對不對?

答案：不對。餐旅業是包括餐飲、旅遊、賓館、飯店、休閒、購物參觀等等與餐飲、旅遊相關服務行業的簡稱。

2.我國餐旅業發展的潛力很大，爲什麼?

答案：（1）餐飲在旅遊中占有重要地位，這是與世界其他國家不同的；（2）人文景觀種類繁多，自然景觀千姿百態，就旅遊資源而言，相當豐富。

2.2 餐旅心理學的研究根據和方法

餐旅心理學是一門剛剛起步的應用心理學，必須選擇正確的研究根據和方法。既要學習國外的相關理論和方法，也要保留我國固有的傳統，並且要考慮到我國開發的實際情況和我國國民的整體心理素質和消費習慣等等。西方國家的理論和方法，有些在我國並不可行，例如，他們消費者的旅遊動機跟我國的情況有著很大的差距。我們必須堅持理論結合實際，注重實際，逐步建立符合我國國情的餐旅心理學的理論和方法。

2.2.1 餐旅心理學的研究根據

1.堅持科學實證的觀點

研究餐旅心理學與研究其他科學一樣，必須堅持以科學實證的觀點爲基礎。

心理活動是社會現實生活的反應。研究任何心理現象，都必須採取科學實證的態度，根據觀察到並加以驗證的事實，下客觀性的結論。對於目前尚未發掘的一些心理現象，應抱著實事求是的態度，用各種方法，積極研究，切忌在弄清事實前主觀臆斷。例如，主觀的以爲國外和港澳旅遊者到中國大陸旅遊都要住五星級飯店，去旅遊的人都是「呆胞」，所以不考慮實際情況，不研究顧客的實際心理需要，不考慮永續發展的需要，到處建高樓大廈，蓋五星級飯店，結果破壞了生態環境和旅遊區的整體美，弄得不倫不類，外國遊客搖頭嘆息，國內遊客望而卻步。其實旅遊者大都是追求新奇，很多外國遊客到中國主要是享受異國情調（如同中國人出國考察、旅遊一樣），欣賞中國具有幾千年文明的風土人情，他們寧願住中國民宅或園林式賓館，吃美味的中 餐，看千奇百怪的中國自然風光和豐富多彩的人文景觀。

由於人的心理是豐富多樣、千變萬化的，因此研究人的餐旅心理活動要從多方面觀察，不能只顧一點。要注意系統性原則，必須在各種因素的相互作用中去認識整體，這樣得出的結論才可能是正確的。例如，在瞭解顧客的消費動機時，從整體上說，外國遊客一般都願意品嚐中國的點心菜餚，但不是餐餐都是中式的，一次西餐都不吃；即使吃中餐，有的人愛吃川菜，有的人怕辣，有的人愛吃粵菜等等。接待人員應從他們不同的國籍、生活習慣、文化背景等各個方面進行觀察、瞭解或直接詢問，不能因爲一個外國旅遊團愛吃辣，就對每個旅遊團都上川菜館。再者，一個旅遊團往往有男女老少、不同生活習慣、文化背景的人，若不針對每一位顧客的需要服務，也會發生種種不愉快的事情。

2.充分利用普通心理學和應用心理學的成果

餐旅心理學是在普通心理學和應用心理學基礎上剛剛萌芽的一個應用心理學分支。普通心理學的一般規律，例如，感覺和知覺、記憶與聯想、情緒和情感、意志和個性等，都是我們探索、研究餐旅心理學的主要依據。我們應該運用這些成果來觀察並找出餐旅活動中消費者、管理者和服務人員的心理，以及其相關行爲。

近數十年來，應用心理學的研究也獲得了很大的發展，其研究成果也是我們研究餐旅心理學的重要依據。特別是與餐旅心理學接近或相關的，例如，社會心理學、銷售心理學、消費心理學、旅遊心理學、服務心理學等等，它們的研究對象與研究結果，與研究餐旅心理學在很多方面是相同或相通的，不少結果可以直接引用在餐旅心理學上。

國外的旅遊業很發達，服務的應用心理學研究也發展完備，取得很多成果。雖然由於國情、文化背景、經濟條件、消費觀念等與我國有相異之處，但好的經驗，是我們該要謙卑學習的態度。

3.餐旅工作的實行

正確的科學研究都必須是理論結合實際的。理論產生於解決實際問題的需要。理論一旦產生，就能指導人們正確地實行，解決需要解決的問題。餐旅工作的實行十分複雜：以分工來說，有旅行社的接待，餐廳、咖啡館的接待，飯店的接待（櫃檯、客房、商務中心、娛樂中心等等），交通工具的安排、導遊的配備及服務，購物的安排等等，在不同的環節、不同的地點，消費者的心理活動是不一樣的；同一個地點、場合，不同的消費者，個人的需求、興趣也不盡相同。

從管理者、服務人員來說，他們的情況也是不同的：管理者、服務人員的文化程度、專業能力、經歷、年齡、性格不同，他們的管理、服務心理也會不一 樣。我們應從複雜多變的實際情況中探討發展的原理，找出其發展變化的規律，為餐旅業的經營管理與服務，為餐旅市場的預測提供心理科學依據，從而促進餐旅業的進一步發 展。

4.重視相關學科的應用

餐旅活動跟各種知識、能力和藝術欣賞水準有關。社會學、人類學、經濟學、歷史學、地理學、建築學、美學、藝術消費者都有可能是他們某次餐旅活動的動機。對餐旅業經理人、管理者和服務人員來說，必須把滿足消費者的一切需求作為自己工作的出發點，要瞭解和滿足消費者的動機，就必須瞭解相關的知識。

此外，要瞭解消費者的購買動機、廣告對他們的心理影響等等，就要學習一些銷售心理學；要知道如何才能對有限資源做永續經營，獲得最佳的經濟效益，就要瞭解旅遊經濟學知識；作為餐旅從業人員，國家和地方政府制定的相關政策、法規都應該要熟悉。 總之，餐旅心理學跟以上這些學科、政策、法規有著密切的關係，使用這些學科的研究成果，熟悉相關的政策、法規，是餐旅心理學的研究不可少的。

2.2.2 餐旅心理學的研究方法

餐旅心理現象很複雜，因此餐旅心理學有多種研究方法。

1.觀察法

觀察法是研究者透過直接觀察餐旅顧客和服務人員、管理者的言語、表情、對某一事物的看法或行爲之外在表現，從而瞭解他們的心理活動。觀察法是最原始也是應用最廣泛的一種方法。餐旅心理學使用觀察法研究心理活動時，應採用「自然觀察法」(即未經控制的、使被觀察、研究的對象處於完全自然的狀態中)。觀察法可分長期觀察和定期觀察兩種。我們可採用長期觀察法。例如，導遊研究遊客的心理，可以從開始接待旅行團詳細記錄，直到旅遊結束、團員離去的全部過程中團員的表現（語言、行動等)，然後對所得的結果進行分析研究。餐廳服務人員從客人進入餐廳開始，直到客人用餐結束、離開餐廳的整個過程（觀察環境佈置、聽音樂、點菜、點酒、水、飲料、招待客人、用餐、結賬等）進行觀察並謹記在心，事後做成記錄，透過長時間對不同顧客的觀察結果進行比較，從中尋找帶有普遍規律性的東西。定期觀察一般用於重點觀察，例如，客人某一段時間內的言行舉止，從而研究其心理活動。例如，服務人員觀察不同客人在進入客房時，一剎那間產生的「第一印象」。

餐旅業敬業的經理人、管理者和服務人員都應隨時使用觀察法對餐旅客人進行研究。心理學者最好能實際深入，直接從事管理工作或服務工作，進行現場觀察，以獲得第一手資料。也可以結合餐旅業管理者、服務人員記錄的資料，進行後期的整理與研究。但只憑第二手資料是不行的。當然，使用觀察法也要做到心中有數，觀察什麼，事先應有計畫。

觀察法雖然最簡單，但也有它的缺點：第一，觀察一定要在自然狀態下進行。因此觀察者處於完全被動的地位，得到的結果很難做數量的分析，很難作出精確的結論；第二，觀察者本身的主觀因素濃厚，不大可能使用精密的觀察工具如照相機、錄音機、錄影機等，若要使用，得事先徵求對方同意，對方同意了，又往往不能處在完全自然的狀態中。所以，觀察法的經驗性因素比較大，要有大量的觀察結果才能作出比較準確的判斷。

2.實驗法

實驗法是心理學研究中最為嚴謹的方法，但此種方法在餐旅心理學研究中，對從業人員的研究尚可設法安排，對餐旅顧客的研究則幾乎無法安排。餐旅業的管理者、服務人員和心理學者可以用實驗法對某些心理問題進行比較實驗研究。例如，餐廳服務人員可以嘗試用幾種不同的方法向客人介紹菜餚，久而久之，得到幾種不同類型客人的介紹方法；導遊在整個旅程中，故意變換幾種導遊方法，從中找出最受歡迎的方法等等。這種實驗也必須反覆進行，累積大量的資料才行，只靠一兩次實驗，其結果往往是不可靠的。

3.經驗總結法

經濟總結法是企業和研究人員經常使用的一種方法。研究人員有目的地收集資料，整理、結合管理工作或服務工作的經驗，從中找出心理學規則，然後用在實際的工作。例如，上海在多次舉辦黃埔旅遊節後，結合經驗和教訓，把群眾聚集在一起，集中向國內外遊客介紹上海的新景點（南京路步行街、浦東的東方明珠電視塔、國內第一高樓金茂大廈、濱江大道、上海博物館、上海大劇院、城隍廟、上海老街等等），海派菜和小吃的特點，購買上海的新產品，看上海建設的新成就，展示上海這個國際大都市在藝術上的國際水平等等，做得很成功。結合其成功的經驗，對於指導其他地區的工作，促進餐旅事業的發展，具有重大意義。

4.調查法

調查的方法很多，最常見的是問卷調查和訪問調查。兩者相同處都是事先擬好問題範圍：不同的是做問卷調查時，被調查者在問卷上按題作答（或用∨表示），訪問調查時則由調查者根據被調查者的回答作記錄。兩者又各有優缺點：問卷調查由於沒有調查者的影響，回答比較眞實；但又可能不太瞭解調查的意圖而應付了事，甚至根本不作答，問卷的回收率不高。訪問調查能保證有所得，缺點是難以做到十分客觀。

調查法又稱抽樣調查。爲了使抽樣調查的結果眞實可靠，最好採用隨機抽樣中的分層抽樣法，即把要調查的人分成幾個層次，再從每個層次中取相同數量的問卷（或訪問記錄），最後把分層抽樣的結果匯總起來加以研究。例如，可針對菜餚品質向年輕的顧客進行訪問調查，瞭解中外年輕的顧客的口味，從而改進菜餚製作方法和質量；可以用問卷調查瞭解顧客對餐廳、客房的設施及服務品質等等。下面是一個飯店的兩種調查表見（如表2.1、表2.2）。

表2.1 菜餚品質和數量調查表

項目	菜餚數量	菜餚品質				
		數量	味道	衛生	色彩	器皿
評價	豐富□ 較多□ 較少□ 很少□	量足□ 尚可□ 較少□ 不足□	鮮美□ 適中□ 偏鹹□ 偏淡□	很好□ 好□ 一般□ 較差□	鮮艷□ 較好□ 一般□ 較差□	適合□ 較好□ 一般□ 不配□
（請您在每個項目的評價後小方格內畫∨）						

表2.2 餐廳服務品質調查表

項目	禮儀	態度	速度	個人衛生	結賬準確與速度
評價	規範□ 較好□ 一般□ 較差□	熱情□ 較好□ 一般□ 較差□	適中□ 快□ 一般□ 慢□	很好□ 好□ 一般□ 較差□	快速準確□ 準確較慢□ 快而不準□ 慢而不準□
(請您在每個項目的評價後小方格內畫∨)					

表2.3 兩種不同類型人物旅遊生活方式的差異

旅遊生活方式	積極參加社會、政治活動者	戀家者
搭乘飛機旅行	84%	56%
去外國旅行	20%	5%
租車旅遊	43%	19%
在旅遊淡季渡假	43%	37%
擁有渡假別墅	13%	7%
護照有效期間旅遊	30%	7%

5.統計學研究法

統計學研究法在國外的應用心理學研究中運用相當廣泛，國內由於人力、物力等因素，運用這種方法的並不多。美國人萊恩・K・伯奈在論文《新興的生活方式及其對旅遊市場的影響》中對參加社會、政治活動的人和戀家者在與旅遊有關的生活方式方面的差異進行統計，得出了以下的結論（表2.3）。

加拿大政府旅遊局對人格品質與加拿大人的假期旅遊的關係進行統計，並得出了結論（表2.4）。這個統計是一九七一年公布

表2.4 人格品質與加拿大人的假期旅遊

渡假類型	人格特徵
假期旅遊者	喜好思考、活躍、善交際、外向、好奇、自信
假期不旅遊者	喜好思考、不活躍、內向、嚴肅、憂心忡忡
不渡假者	憂心忡忡
坐小轎車旅遊者	喜好思考、活躍、善交際、外向、好奇、自信
坐飛機旅遊者	十分活躍、十分自信、好思考
坐火車旅遊者	喜好思考、不活躍、冷漠、不善交際、憂鬱、依賴性強、情緒不 穩定
坐旅行車旅遊者	依賴性強、憂鬱、敏感、對他人懷有敵意、喜好爭吵、不善自我克制
在本國旅遊者	外向、活躍、無憂無慮
到國外旅遊者	自信、對他人信賴、好思考、易衝動、勇敢
男性旅遊者	喜好思考、勇敢
女性旅遊者	易衝動、無憂無慮、勇敢
探親訪友者	不活躍
去渡假勝地者	活躍、善交際、喜好思考
遊覽觀光者	喜好思考、敏感、情緒不穩定、不善克制、不活躍
從事戶外活動者	勇敢、活躍、不善交際、憂鬱、沉悶
冬季旅遊者	活躍
春季旅遊者	喜好思考
秋季旅遊者	情緒穩定、不活躍

的一九六九年的結果，現在的情況可能有了變化，而且這個結 論也並不適合我國的情況，放在這裡是用來作爲例證，也可作爲我國餐旅心理學者進行類似調查時參考。

電腦的迅速發展使統計方法能夠大量使用。因爲大量數據和多種因素的大規模統計能夠輕而易舉地算出結果，從而對餐旅業的發展和設施改善的決策提供科學的依據。

案例分析

下面是我國某大都市在發展餐旅業過程中發生過的幾個例子：

1.一九八〇年中期，港、澳、海外華人和外國旅行者蜂擁而至，豪華餐廳、飯店大量出現，很多文化水準不高、不具備現代企業管理經驗的，只管過幾十人的中、小飯店的經理變成了五星級飯店的經理人，但他們不瞭解國外遊客的需求，不懂得現代化的大型餐旅業的運作，不能勝任工作，不得不從國外高薪引進高層管理人員。

2.由於現代化的、飯店的管理人員和服務人員短缺，待遇較高，因此出現了爭相應聘大學副教授、講師的情況，外語水準較高的碩士生、本科生很多都到飯店當了服務人員 。

3.某大都市決定在郊區一風景區蓋國家旅遊渡假村，但負責此項工作的是當地的一位副縣長，他絞盡腦汁拿出的建設方案一次又一次地被否決。他很痛苦。最後他提出辭職，理由是：他是鄉下人出身，高中畢業後回村，由村長、鄉長升到副縣長，他從來沒有離開過家鄉，到市區觀光的機會也不多，沒有這方面的生活經歷，更不要說經驗和專業知識和技能了，實在做不了。

4.到了一九八〇年代末期，特別是進入九十年代之初，大量餐旅業的學生和國外留學生進入餐旅業的管理，大專生進入初級管理層，高職生取代年老的服務人員。從此，這些大飯店的管理階層、服務水準都逐步與世界接軌。在這些飯店工作

過一段時間的管理人員、服務人員又到新飯店的相關職位。這個大都市的餐旅設施及其硬體、軟體都達到了全國一流的水準。

思考題

透過現象看本質，以上的事例說明了什麼問題？包括：管理學、心理學、銷售學在內的各種專業知識和服務技能在我國餐旅業的發展中有什麼樣的影響？

關鍵概念與名詞

餐旅心理學	餐旅心理學的研究依據
餐旅心理學的研究方法	觀察法
實驗法	經驗總結法
調查法	統計學研究法

本章摘要

1.我國餐旅業是第三產業的之一，發展潛力很大。餐旅業的發展，顯現建立和發展餐旅心理學的的重要性。

2.我國餐飲業在餐旅事業中占有重要地位，中餐的影響十分深遠；我國的旅遊資源非常豐富，人文景觀種類繁多，自然景觀千姿百態。

3.餐旅心理學是應用心理學的一個新的分支，它有三個目的和作用：一，研究餐旅顧客的心理；第二，結合我國餐旅管理的經驗，研究管理人員和服務人員的心理特點 ；第三，研究餐旅服務過程中主客雙方的心理和行爲。

4.餐旅心理學應選擇正確的研究依據：一，要堅持科學實證的觀點；二，要充分利用普通心理學和應用心理學的成果；三，要結合餐旅工作的實習；第四，要重視相關學科的應用。

5.餐旅心理現象很複雜，因此，餐旅心理學有多種研究方法。在觀察法、實驗法、經驗總結法、調查法、統計學研究法中，最基本、最常用的是觀察法、經驗總結法和調查法。餐旅業的管理者和服務人員都可靈活運用這些方法。累積大量資料，其研究結果對餐旅業和餐旅心理學的發展都會有很大的幫助。

練習題

- 2.1 我國餐旅業的特點是什麼？
- 2.2 餐旅心理學的目的和作用有哪些？
- 2.3 研究餐旅心理學有哪些依據？
- 2.4 舉例說明如何用定期觀察法研究餐旅顧客的心理。

習題

- 2.1 我國餐飲業的特點有哪些？
- 2.2 爲什麼餐旅心理學日益重要？
- 2.3 研究餐旅心理學常用的有哪幾種方法？
- 2.4 舉例說明如何使用調查法研究餐旅顧客的心理。
- 2.5 請設計一份房客調查客房設施滿意度和客房服務品質的調查表。

第3章 餐旅顧客個體心理

學習目標

3.1 餐旅顧客的感覺與知覺
3.2 餐旅顧客的興趣與需要
3.3 餐旅顧客的動機與態度
案例分析
關鍵概念與名詞
本章摘要
練習題
習題

學習目標

在學習緒論，瞭解人的心理特質、心理過程和個性心理的基礎上，進一步瞭解：

1.餐旅顧客的感覺與知覺。
2.餐旅顧客的興趣與需要。
3.餐旅顧客的態度與動機，進而從事策略性的管理和服務工作。

餐旅顧客的消費行爲是由他們的心理活動決定的。瞭解並掌握餐旅顧客的感覺與知覺、興趣與需要、態度與動機，才能有策略地採取正確且必要的促銷手法，招徠顧客，有策略地改進服務方法，全面提昇服務品質，使顧客獲得更多、更好的滿足。

3.1 餐旅顧客的感覺與知覺

感覺是客觀事物的個別屬性，直接作用於人的感覺器官而在人腦中的反應。感覺主要是透過人的外部的「五覺」即視覺、聽覺、嗅覺、味覺、體覺（包括：觸覺、溫覺、冷覺、痛覺）和內部的運動覺、平衡覺、肢體覺等最先認識客觀世界，並將各種感覺提供給大腦進行各種複雜的心理活動。所以，感覺是最簡單的心理現象，也是最基本的心理現象。但是，單獨的感覺是極少的，大都是以各種感覺的整體，即知覺在人腦中形成反映，構成基礎的心理活動。所以，我們不妨從知覺談起。

3.1.1 知覺的一般規律

1.知覺的概念

知覺是直接作用於感覺器官的客觀事物的整體在人腦中的反映。任何客觀事物的整體都是由許多屬性的一定的關係綜合構成的，如一桌豐盛的中餐：八小碟色彩繽紛、葷素搭配的冷盤，八大盤各種造型的煎、炒、溜、炸的熱菜，中間一大碗十錦海鮮湯，外加上每位客人面前晶亮的銀製餐具，這一切才整體上構成了「一桌豐盛的中餐」。

2.知覺的分類

知覺分成兩大類：一般知覺和複雜知覺。一般知覺中，根據知覺對某種感覺所起主導作用的大小而分成視知覺、聽知覺、味知覺、觸知覺和運動知覺等。但一般都是以一兩種知覺爲主的各種知覺的綜合。吃中餐時，因爲中餐講究色、香、味、（造）形、器（皿）的整體綜合美，所以顧客是以味覺爲主，視覺、嗅覺爲輔，碰觸時，美妙的叮噹聲使聽覺也起作用，所以中餐給人的知覺特別美好。

複雜知覺依據知覺所反映客觀事物的不同特徵，可分爲：空間知覺、時間知覺、移動知覺、錯覺等。

空間知覺是人腦對事物空間特性的反映，包括：形狀知覺、大小知覺、距離知覺、肢體知覺和方位知覺等。在日常生活中，人們上下台階、穿越馬路、在擁擠的車廂裡選擇適當的位置、餐廳桌椅的擺設和客房裡傢具的陳設等等都與空間知覺有關。

時間知覺也稱時間感，是指在不使用任何計時工具的情況下，人對時間的長短、快慢、節奏變化的感受與判斷，也就是人腦對客觀事物的延續性和順序性的反映。時間知覺在遊程中有較大影響：景色好或導遊水準高，遊客不覺得時間長，相反就會覺得時間慢，從而感到乏味、疲勞等等。

移動知覺從性質上而言是空間知覺的一種，但它主要指對空間動態物體的知覺。在生活中，移動知覺是極爲重要的。例如，在衆多車輛疾駛的高速公路上，遊覽車的駕駛員有正確的移動知覺，才能使自己的車與前後左右的車保持適當距離，安全且快速地駛抵目的地。

錯覺是完全不符合刺激事物本身之特徵的錯誤或扭曲的知覺。也就是說，錯覺是人腦對客觀事物的錯誤的反映。這種情況是很常見的，最常見的如對等長的橫豎兩根線的錯覺，看起來覺得豎線較長（如圖3.1）。又如被稱做繆勒—萊依爾錯覺（圖3.2，兩根橫線是等長的，但由於箭頭的方向不同，看起來覺得下面的橫線要長一些。

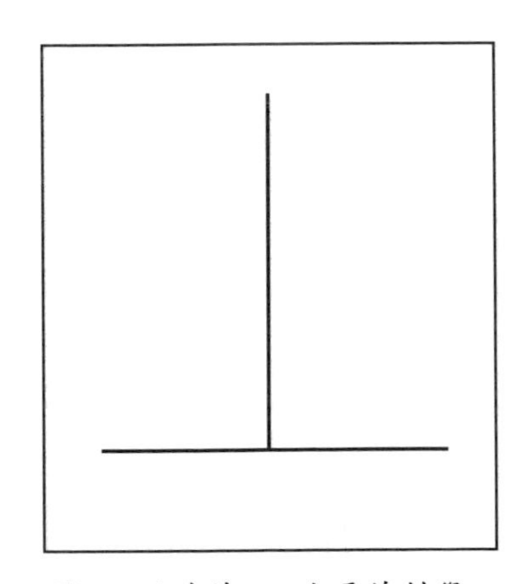

圖3.1 垂直線——水平線錯覺

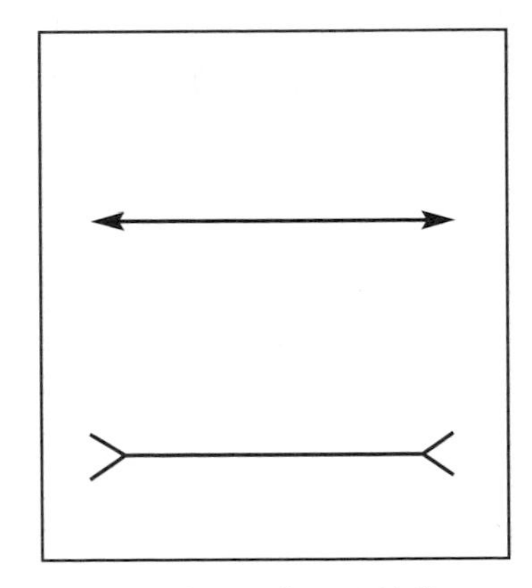

圖3.2 繆勒——萊依爾錯覺

在生活中，錯覺很常見，有時甚至會引起不好的後果。如車行駛在上坡的橋面上時，乘客看到停在馬路邊的車，不自覺自己的車在上坡，反而認爲是別的車在走下坡；原來關係很好的職務等級相等、地位相當的甲、乙二人，甲被提拔時，乙有時會感到自己的級別、地位下降了，從而引起心情不快等等。

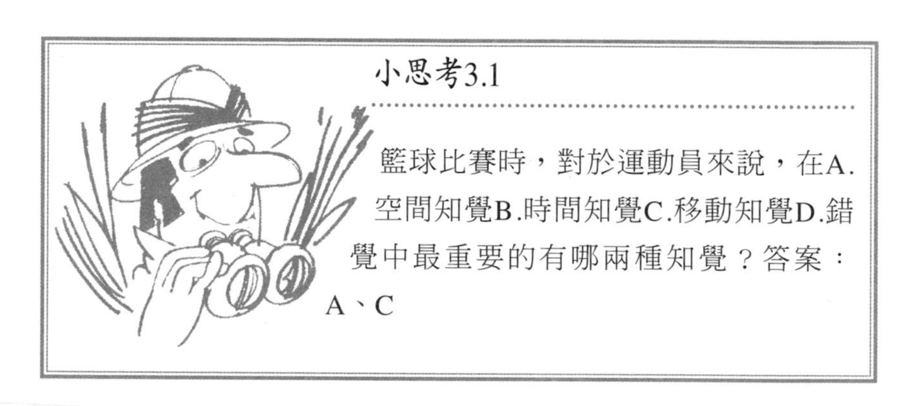

3.知覺的一般規律

知覺的一般規律有知覺的相對性、知覺的選擇性、知覺的整體性、知覺的恆常性和知覺的組織性。

(1) 知覺的相對性

人們對同一事物的知覺沒有一個是絕對相同的。也就是說，沒有兩個人能以完全相同的方式看世界。幾個人在一起品嚐菜餚，各自的看法和解釋也不完全相同，總是大同小異、同中有異或異中有同。一個人看綠葉叢中的紅花與看插在花瓶裡的紅花的知覺是不一樣的，同樣花色的衣服穿在胖瘦美醜、白黃棕黑不同膚色的人身上，給人的知覺也絕不相同。

知覺的相對性表現在形象與背景的不確定性上，不但在美術、書法、建築、服裝設計上常常得到運用，從而增加設計圖案的變化和立體感，而且在烹飪、景點設計和導遊工作上能得到很好的表現。例如，揚州「蟹粉獅子頭」上桌時粉色的「獅子頭」

下面襯墊著新鮮翠綠的白菜葉，再放在潔白如玉的小瓷盤裡，品嚐的人未動筷子就先有了美好的知覺。無錫的黿頭渚公園，背靠青山，面臨碧波萬頃的太湖，襯托出山水相得益彰的作用。近年來開發的黃山、廬山冬遊，讓遊客欣賞兩山奇特的冬景，相較於北方的茫茫無際，皚皚白雪的單調景象顯得更美、更奇特，更富於變化，難怪看慣了北方冬景的北方人也大批擁到黃山、廬山看冬景。武夷山的導遊帶領遊客夜遊，每人一個小燈籠，滿山星星之火，這種感覺本身就很不同，導遊一會兒讓你從東面看山峰，那是一個老漢，一會兒讓你從南面看，那是一對夫妻…由於對象與背景的相對作用，山形千變萬化，美不勝收。但也有相反的例子，由於建築師不注意知覺的相對性，他的好作品有時放錯了位置，有的沒有和背景作相對應的處理，給人的整體知覺不協調，甚至破壞了大自然原有的美。以下舉兩個例子。上海龍華烈士陵園是經中國當局批准設計建造的，設計本身既體現了中國建築的傳統特色，又引進了現代化的手法，特別是修建了一個金字塔形的藍色玻璃貼面的大展覽廳，氣勢宏偉。但它後面的青松岭高度不夠，遮不住後面的高層民居，從正面看，整個建築就有點不倫不類。同樣的例子是揚州新城區的兩座高樓的位置，建築師和城市設計者沒有考慮著名的景點平山堂。千百年來，多少文人雅士、遊人墨客站在平山堂前，遠眺江南諸山，「青山隱隱水迢迢」「遠山來與此堂平」(這就是平山堂取名的由來)。現在新城區的兩座高樓恰好擋住了站在平山堂前遠眺江南諸山的遊人的視線，成了「遠樓來與此堂平」，眞是大煞風景。

知覺的相對性還表現在知覺的對比上：黑人牙膏的廣告畫給人的知覺是十分強烈的；說相聲的演員一個瘦而長，一個矮而胖，看起來對比十分強烈。

較醜的女人找一個更醜的女伴一起上街，就會使路人知覺上感到她比較美。爲什麼？

答案：這是知覺的相對性在起作用。

(2) 知覺的選擇性

客觀社會生活是極其豐富複雜的，人的周圍環境也是不斷變化的。人總是有選擇地對某些事物進行感知，在人群中，一個人很快找到他的朋友，對其他人則視若無睹；憑著自己生活的經驗、學得的知識或不同興趣，人們對同一事物的感知角度不一樣，感知的結果也就相差甚遠。我們試看一幅圖畫：

圖3.3是著名雕刻家契爾一九三八年所作木刻傑作《黎明與黃昏》。若從左側看起，得到的知覺是一幅黑鳥離巢的黎明景象；若從右側看起，得到的知覺是一幅白鳥歸巢的黃昏圖，若一人從中間看，他得到的知覺是既有白鳥又有黑鳥或者是忽而白鳥、忽而黑鳥，這都是各人選擇的感知角度不一樣的緣故。

爲什麼每個人選擇的感知角度會不一樣呢？首先從主觀上來說，每個人的需要和動機、知識與經驗、興趣與嗜好、情緒與氣質以及性格都不同。從客觀上，如果感知對象與其背景的差別越大、對比度越大，對人的感知的選擇性就越大；其次，被感知的對象如果是動態的，就會比不動態的更容易引起人的感知，如不動的櫥窗燈光不如忽閃忽滅的霓虹燈櫥窗燈光更引人注目；另外，相似的事物組合在一起或相近的事物、對比強烈的事物、相

圖3.3

反的事物組合在一起也容易引起人們的感知。

在餐旅管理與服務過程中，運用知覺的選擇性常能發生很好的作用。餐廳裡的菜餚富於多樣性，且將菜餚的烹調方法多做變化或想出吸引人的好菜名，將會使顧客增加挑選的機率。但在CIS中一酒店的服務內容及特色、餐具到客房裡所使用的用具其造型、質地、色彩則需保持一致性，讓顧客形成深刻強烈的知覺，以致能在眾多的旅館、酒店中對該酒店迅速作出選擇。

（3）知覺的整體性

知覺對象都是由許多部分組成的。「一樹梨花春帶雨」，樹是一部分刺激，花是一部分刺激，雨滴又是一部分刺激。但人們對「一樹梨花春帶雨」的美感知覺卻是整體的。樹、花、雨滴都是美的，整體知覺卻更美。所以完形學家認為：整體知覺超過部分之和，就是這個道理。知覺的整體性對人的生活有著重大意義，它可以使人在不斷變化的客觀環境中保持知覺的連續和正確。一個人換了衣服、改變髮型、造型，他的親友仍能一眼認出來他。「松鼠黃魚」、「鹹菜黃魚湯」裡的黃魚，人們總是一嚐就知道這是黃魚。

另外，餐旅顧客總是把餐旅過程中的若干部分知覺綜合成整體印象。例如，客人來到一飯店，看到著裝整齊、乾淨、大方的服務人員笑容可掬，便會認爲這個飯店的各方面設施和服務都是好的；反之，則可能認爲這個飯店的一切都比較差。在旅遊中一件不愉快的事件，如丟了一位遊客或一晚上因盥洗室水管壞了未能洗澡，都可能造成對此次旅遊不好的印象等等。因此，每個員工都代表著整個企業的形象，進而一個國家的餐旅業便是外國人看這個國家的窗口，即是這個道理。

(4) 知覺的恆常性

在不同角度、不同距離、不同明暗度的情境中觀察一個熟知的事物，雖然這個事物的物理特徵如大小、形狀、亮度、顏色等因環境影響有所改變，人們的知覺卻傾向於其原樣保持不變。此種心理現象，即是知覺的恆常性。知覺的恆常性使人們保持其既得的知覺經驗、學習成果；知覺的恆常性又使人們願意品嚐保持一定風味的食品，住熟悉的飯店。特別是兒童時期形成的知覺，往往會影響人的一生，形成「懷舊」情緒。企業爭取「舊客」，用傳統的風味食品和建築吸引海外遊子，都是有效運用知覺恆常性的例子。由此可知，有時候「破舊立舊」、「修舊如舊」或「舊瓶子裝新酒」遠勝於「破舊立新」，這是餐旅業經理人應該特別注意的。有些國家甚至用法律來規定保護舊文化建築，老建築的門面不許改變，但在內部可以重新裝修。由於他們考慮到人的因素，要滿足人們知覺恆常性的特點，這點是值得我們學習和推廣的。

(5) 知覺的組織性

知覺的組織性是知覺的選擇性實現的方式方法。它們有相通之處，但並不完全一樣。知覺的組織性是人腦把知覺刺激按照相似法則、接近法則、閉合法則、連續法則等有系統地、合乎邏輯地進行選擇處理的規律。它是知覺的選擇性得以實現的保證。下圖中的圓點和×，由於其相似法則，知覺上就會自然地把它看成是在×組成的大方塊陣中有一個由點組成的斜放的小方塊。同樣的道理，人們把通過炖、燜、煨、焐、蒸、炒、燒、泥煨、叉烤等各種烹調方法燒出來的濃而不膩、淡而不薄、鹹淡適中、清鮮略甜的各種菜統稱爲蘇菜（淮揚菜）；人們把地點並不是一條線的，例如，中共一大會址、香山路中山故居、思南路「周公館」、

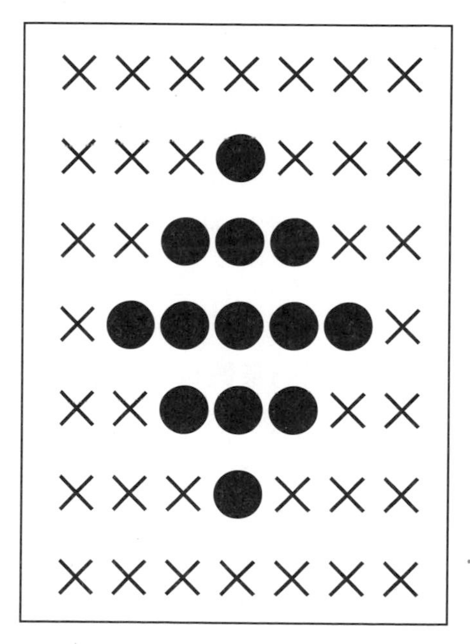

圖3.4 知覺得組織性

淮海路宋慶齡故居、多倫路文化街（上海三十年代風情街，左聯成立紀念館在這裡，另外，附近還有眾多文化名人的寓所）、山陰路內山書店、魯迅故居等等作爲一個上海人文景觀的重要線路。

4.人際知覺

人際知覺又稱社會知覺，是指人對人的知覺。這種知覺在人與人的關係即人際關係中作用巨大，因爲人的一切行爲，大至從事社會改革，小至飲食習慣，無一不受別人的影響。同時，個人的一切言行舉止，也隨時隨地影響著別人。因此，在人際知覺中，正確認識並使用自我知覺、第一印象、暈輪效應、角色知覺是很有意義的。

（1）自我知覺

自我知覺是一個人對自己的心理活動和行爲的認識。自我知覺決定一個人行爲的基本狀態及生活態度。每一個人，不管是餐旅顧客還是餐旅工作人員，如果具有正確的自我知覺，便可以促進其與人友好相處以及工作責任心和職業道德的形成，從而在任何場合、任何崗位、擔當任何社會角色（父親、丈夫、兒子、餐旅顧客、導遊、企業管理者、服務人員…）都能與別人建立良好的人際關係。

一個人的自我知覺的建立，一般要經過三個發展階段：生理的自我發展階段，這個階段個人關注自己的身體以及穿著、打扮，家庭成員對自己的態度等等，表現出自豪、自卑、滿足、缺憾等自我感情。社會的自我發展階段，這個階段的自我知覺主要在意上級、同事、同學等周圍的人對自己的態度，自己在社會上的名譽、地位、財產等等，從而表現出自尊、自卑、得意、失意等自我評價。心理的自我階段。這一階段主要表現爲對自己的智慧、才幹、道德等等心理特質的自我知覺。一般說來，這三種自我知覺是由低到高逐步發展的，但並不是一成不變的，常常交叉出現，不過會以一個階段的自我知覺爲主。有的心理學家把這三個階段的自我知覺說成是三個自我：兒童自我、家長自我、成人自我。「兒童自我」喜歡跟著感覺走，感情用事，往往不善思考；「家長自我」常常照章辦事、自以爲是；「成人自我」才是一個能比較清醒、善於獨立思考、成熟明智的自我。每一個人都要努力使自我知覺達到「成人自我」即自我知覺的第三階段。

(2) **第一印象**

第一印象就是第一次見到的人或事物（可能只是事物的局部）給予觀察者的印象。這種印象往往會較爲深刻，且會影響對這一事物今後的其他判斷，也會影響對該事物全面性、整體性的判斷。在日常生活中，第一印象往往是先入爲主的。自古以來人們常說的「一見傾心」、「一見鐘情」就是第一印象巨大作用的表現。多數男士購物是「一眼看中」，也是重視第一印象的結果。有一個心理學家做了一個實驗，他說A具有精明、勤勉、衝動、善辯、倔強、嫉妒六種性格特徵，B也具有這六種性格特徵，但順序正好相反。結果受試者多以精明、勤勉這前兩項作爲A的性格特徵，而以嫉妒、倔強作爲B的性格特徵。因爲受試者首先看到A的性格特徵精明、勤勉，首先看到B的性格特徵嫉妒、倔強，受了「先入爲主」的影響。

第一印象一般都是由人的儀表、相貌、言談、舉止、態度、風度等形成的。餐廳服務人員或導遊人員儀容整潔、衣著得體，熨燙平整，對顧客彬彬有禮，就會讓顧客有個很好的第一印象。相反則就會給顧客一個不好的第一印象，影響整個進餐服務或遊程中的導遊工作。同樣的道理，旅館、飯店的大廳是顧客最先知覺到的，會讓顧客產生第一印象的地方。故大廳的佈置得體、營造出溫馨、整潔、優雅的氣氛，顧客馬上就會有舒服愉悅，樂於享受的感覺；如果大廳空間狹隘，不整潔、服務人員不友善，便會影響顧客對旅館的第一印象，認爲旅館的設施不臻完善，接待服務不夠好，進而讓顧客產生不好的整體印象。

這種由第一印象影響人們對事物其他方面乃至整體情況評價

的現象在日常生活中隨處可見。如同旅館、飯店人事部經理錄用學生進行面試時，學生的穿著打扮或言談舉止，不但會影響其錄用成績，甚至會影響經理人對該學生其他各方面的評價。

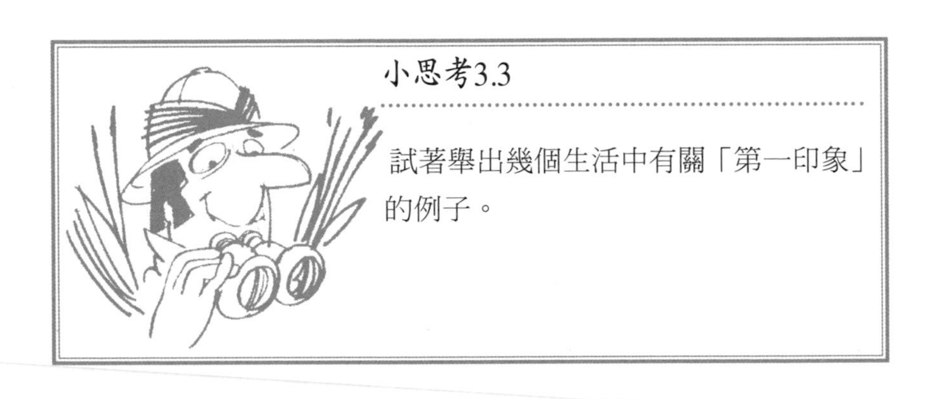

小思考3.3

試著舉出幾個生活中有關「第一印象」的例子。

(3) 角色知覺

角色知覺是指人們對社會中各種類型（角色）的人的比較固定的認識和判斷。如擔任經理的人給予人的角色知覺是西裝筆挺、儀表得體、容光煥發、思維敏捷、禮數周到、善於決策；教師給人的角色知覺是舉止莊重、言談文雅、關心別人、學識廣博；服務員給人的角色知覺是儀表端莊、面帶微笑、熱情有禮、整潔乾淨；導遊人員給人的角色知覺是穩重老練、熱情大方、能言善辯、處事公道等等。當我們看到一個人時會不自覺地按第一印象爲其歸類，把他劃入某一角色族群之中。角色知覺也能規範自己的言行，如自己是一位教師，便會時時以教師給人的角色知覺整肅自己的言行。

在人際知覺中，常常會把各種社會角色的行爲標準大體固定成一種模式，給予比較定型的看法，如北方人勤勞豪爽，南方人聰明伶俐，德國人直爽固執，美國人幽默隨便，日本人有禮無體，英國人的紳士派頭等等。這種定型的角色知覺有利於人們對事物作概括的瞭解，但也容易產生以偏概全的結果。

3.1.2 對餐旅條件及風險的知覺

1.對餐旅條件的知覺

(1) 對餐旅對象的知覺

人們決定宴請親朋或外出旅遊時，首先會遇到一個問題：選哪家飯店好些？較具聲名的、高貴的，還是不大有名但環境幽靜、菜餚美味，或是到離家近些、價格便宜些的，還是路遠些但菜餚口味更適合所請的客人等等。倘若外出旅遊，則要考慮決定去外地還是在本地，去海濱還是爬山，去外地看自然風光還是參觀人文景觀等等。如何作決定呢？是根據他對這些飯店和旅遊景點的各種條件或信息的瞭解，也就是根據他對這些飯店、旅遊景點的知覺。

這個知覺可能是原先已有的，憑經驗獲得的，多數則是通過各種媒體——廣告、資料介紹、親朋好友的建議，甚至有時是一種突發的事物、信息或主觀想法的刺激（心血來潮）。這裡有兩個問題即主、客觀兩方面對人們選擇餐旅對象的知覺有重大作用：主觀方面除上述情況外，還有個人的興趣愛好、經濟條件、與所宴請的親朋關係的程度等等影響。客觀的方面則由餐館、旅遊點的名聲、設施、服務等等因素所決定。例如，一九八三年的一次調查發現，中國大陸對海外十個國家餐旅顧客的最大吸引力在於三方面：文物古跡眾多、自然風光秀麗多姿和豐富美味的中國餐飲（詳見表3.1）。這也就是本書第2章2.1中所作判斷的依據。（表3.1）還反映了中國大陸八〇年代餐旅設施及服務品質差的問題，國外顧客的滿意度較低。經過十年努力，一九九四年中國大陸國家旅遊局針對餐旅服務設施以及價格對十五個國家的顧客進行調查，結果是：90%以上的顧客對餐旅設施、服務品質表示滿意，49.4%的顧客則認爲景點廁所很糟糕，70%的顧客認爲中國餐旅價格適中或偏低，35.7%的顧客認爲中國交通運輸條件差，還有31.6%的顧客認爲住宿費偏高等等。這個結果說明，中國作爲外國顧客餐旅知覺的對象，各方面都有了進步，但在客房價格、交通條件、廁所衛生等方面還有待改進。

（2）**對餐旅距離的知覺**

人們對餐旅距離的知覺有兩個顯著的特點，看起來是矛盾的，實質卻是一致的。即是：顧客到達餐旅對象的距離越遠，他付出的時間、金錢、體力等代價越大。從這一點來說， 餐旅對象的距離遠，對餐旅顧客的知覺有「阻止作用」。實際生活中，出國旅遊的人少，正是知覺阻止作用的體現。

另一方面，由於人們天生就有追求新奇和刺激的心理，遠距離的餐旅對象對人有強大的吸引力，所以又有「激勵作用」。餐旅距離的阻止作用和激勵作用受到主客觀多種因素的影響，他最後作出決策時，則是主客觀各種因素的結合。從客觀方面說，餐旅企業要能更好地銷售餐飲旅遊商品，就要在提昇餐旅顧客知覺的激勵上下功夫，例如，改善設施，提高服務品質、提供各種優惠條件等等。

（3）**對交通條件的知覺**

餐旅顧客在挑選餐旅對象時，到達餐旅對象的交通條件，往往會影響他們的決策。中國大陸雲貴川和新疆、西藏、青海、甘

表3.1 十個國家顧客對中國大陸作爲餐旅對象的知覺

遊客產生國／遊客的評價／遊客可得到的期望	泰國	馬來西亞	印度尼西亞	澳大利亞	日本	墨西哥	加拿大	美國	西德	法國
體驗不同的文化和生活方式	−	+	±	−	±	−	+		+	±
參觀重要的歷史古跡	+	+	+	+	+	+	+	+	+	+
欣賞美麗的自然風光	+	+	+	+	+	+	+	+	+	+
追求宜人的氣候	±	−	−	−	−	−	−	∓	−	−
購買精美的工藝品、禮物、紀念品	+	+	−	−	+	+	+		±	±
品嘗精美可口的食物	+	+	+	+	+	+	+	+	±	+
享受舒適的接待設施	+	−	−	−	−	+	∓	∓		−
學習有助於自身事業或社會生活知識	±	+	−	∓	∓	−	∓	∓	±	∓
廉價的渡假（低廉的費用開支）	−	−	−	−	−		−	−	−	−
參加冬季運動	−	−	−	−	−	−	−		−	−
參加娛樂活動	−		−	−	−	−	−	−	−	−
會見有意義的人	±	+	−	∓	−		∓	∓	∓	∓
參觀社會主義制度下的建設	+	+	−	−	−	∓		∓		∓

注：（+）表示旅遊者的期望；（−）表示旅遊者無此期望；（±）表示部分旅遊者有這種期望；（∓）表示個別旅遊者沒有這種期望。摘自屠如驥主編的《旅遊心理學》。

肅等地有很好的旅遊資源，但對顧客的知覺刺激而言，新、奇、美、古皆俱備，但由於交通條件差，至今尚未開發。有些已開發的著名景點如張家界、九寨溝等，雖然已有能起降小型飛機或直升機的機場，由於班次少、價格高等等因素，仍然對大多數顧客有著相當的「阻礙作用」。

就一般情況來說，只要經濟條件許可，對於遠距離的行程多數顧客願意選擇搭乘飛機。他們希望航班能在最方便的時間（例如，上午8點半至10點、下午2點至4點）起飛並按時到達目的地，快速且不延誤。顧客對於飛行的安全十分關注，尤其是初次搭乘飛機的人。飛機的大小、服務項目多寡和服務品質也是乘客所關心的。此外，在特定航線上特定的時間（例如，學校的寒暑假）機票價格是否打折或優惠也是一般勞工階層餐旅顧客和學生知覺的重點。

除飛機外，火車、遊覽車、纜車、遊船等也是餐旅顧客常常選擇的交通工具。

相較於飛機，火車近幾年開發的旅遊列車，因其價格低、空間大、座位品種多（有軟臥、軟座、硬臥、硬座）、選擇性大，可以瀏覽沿途風光等，因而受到一般餐旅顧客的青睞， 特別是路途不太遠的時候，如朝發夕至或夕發朝至，甚至像上海到南京之間、上海到杭州之間，火車採用了密度高的發車方式，半小時一班車，到杭州一個多小時，到南京三小時，很受歡迎。

對於那些時間比較充裕的離、退休人員、渡假的師生來說，如果到達餐旅目的地可以選擇搭乘飛機或輪船的話，多數人可能會選擇輪船，因爲輪船寬敞、設備齊全（有飛機、火車上沒有的餐廳、影院、酒吧、閱覽室）、活動空間大，且價格便宜，所以我國輪船餐旅業有待大力開發。且不說必須乘遊輪的三峽遊、古運河水上遊、太湖、千島湖水上遊等，凡是有航運或可開發航運的地方，都應該努力去做。有些地方已把特色餐飲（例如，海鮮、河鮮、船菜等）與旅遊結合起來，這是值得提倡的。筆者曾在奧地利首都維也納的多瑙河碼頭上見到幾艘豪華遊輪，餐旅顧客可以乘船遊覽多瑙河流域幾個國家的著名城市，他們白天上岸遊覽、品嚐不同風味的美味佳餚，晚上回船上客房住宿，交通住宿都有了，很受老年遊客的歡迎。

纜車是上下山的重要旅遊交通工具，我國的很多旅遊景點，例如，黃山、泰山、華山、北京香山、青島嶗山、四川峨嵋山等等都建起了索道。纜車方便、快捷，乘坐的遊客絡繹不絕。人們對纜車最大的心理要求便是安全。當然，遊客也希望在搭乘纜車時亦能欣賞從天而下的視覺享受。所以，不少青壯年和身體強健的老年遊客仍然鐘情於爬山，一是走走看看，才能眞正體會爬山旅遊的樂趣，二是借此鍛鍊身體和毅力。當然，人們對纜車和其他交通工具的知覺是各人不一樣的。總之要根據自己的情況和身體特點加以選擇。

2.對餐旅風險的知覺

在餐旅顧客的諸多知覺中，風險知覺往往會被人忽略。其實風險知覺是客觀存在的，而且對顧客、及餐旅企業都是重要的，其不容忽略。餐旅顧客的風險知覺對於他的決策有重大影響，餐旅企業則要努力減少或消除顧客的風險知覺，提高自己的經濟效益和社會效益。

(1) 餐旅顧客風險知覺的種類

餐旅顧客風險知覺主要有五種：第一是功能風險。功能風險主要反映在餐旅產品品質及服務品質方面。從大體而言，一次餐旅活動需要相當的金錢、時間和精神，是否值得。有的人參加了新馬泰旅遊，回來後大呼上當：飛機延誤造成旅遊時間縮短、有些項目被取消、飯菜質差量少口味不適、導遊常帶去購物等等，因此認為此次旅遊玩得不甚盡興不大值得。從小方面而言，搭乘飛機誤點、客房的空調失靈、盥洗室洗澡水不熱等等，從餐旅顧客的知覺來說，都屬於風險知覺。第二是資金風險。花費了較多的錢是否品嚐到較品質美味的菜餚、享受到了高品質的服務；或投宿頗具知名的飯店，其軟硬體設施是否能盡情享受。第三是社會風險。不少人出門請客用餐或外出旅遊或購買名牌商品，為的是彰顯自己的身份和社會地位。他們會擔心投宿的旅館不具星級，有失身份，影響自己的社會地位。第四是心理風險。人們外出用餐或旅遊，就心理上而言是為了提高自我價值，放鬆自己、滿足心理需求。如果需要被滿足，當然很高興，且有幸福感。第五是安全風險，這是指餐旅顧客在餐旅決策前對餐旅活動安全的擔心。如英國盛行狂牛病，吃蠔油牛肉是否安全；腸胃不好，吃海鮮是否會引起腹瀉；下雨天，搭乘飛機是否安全；到國外旅遊，帶現金是否容易遭竊等等。

(2) 風險知覺產生的原因

不同個性的人其風險知覺的種類不一樣，程度也大不相同。一般來說，風險知覺之所以產生跟下列幾個因素有較大的關係：第一是目標不明確。如參加一次旅遊，投宿哪些飯店，每日三餐的標準，導遊的素質和當地的治安情況不瞭解，因而產生風險知覺。第二是由於自己缺乏經驗所致。例如，第一次帶朋友上西餐廳吃西餐，由於沒有經驗，對於價格、菜單、吃法、西餐餐具使用不熟悉等等，都會產生風險知覺。第三是掌握的資訊不夠充分。缺少資訊會產生風險知覺，資訊太多或不同資訊源提供的資訊相互矛盾，會使人感到無所適從，產生擔心害怕的心理。第四是相關群體的影響。例如，欲攀玉山、曾攀登過玉山的親友告訴自己登山的艱辛和危險；想獨自出國旅行，父母擔心一個人不安全，極力勸阻等等。

(3) 消除風險的方法

針對上述風險知覺產生的原因，採取一些措施來減少風險，是可以做到的。首先，要廣泛地搜集資訊，獲取眞實可靠充分的資訊可減低或消除風險。如有功能風險知覺，就可以挑選一家信譽高、服務品質佳的優良旅行社，參加該旅行社的旅遊。其次，要仔細分析比較。對各種決策方案分析越仔細，風險知覺就越小。第三是追求高品質、不吝於高價位，所謂「一分價錢一分貨」即是強調在正常情況下，買貴不買賤也是有道理的。比較而言，二百元一天的房間在同一個地方總比一百元一天的房間好得多。第四是買名牌。名牌是高品質和高服務的標誌，買名牌物有所值，風險就會大大降低。當然，買名牌要買眞名牌，不要買「仿冒」名牌，否則不但不能減少風險，而且會上當受騙、大大增加風險。

小思考3.4

買名牌不如買冒牌貨，買名牌價格高，買冒牌貨既有名牌又省錢。你認爲這個看法對不對？

答案：不對。既知是冒牌貨，就說不上名牌，省錢之說也就毫無依據。買不起名牌買冒牌貨不如買一般品牌而貨眞價實的商品。買了冒牌貨還認爲討了便宜是不正常的心理。這種心理對自己沒有好處，還會助長商業不誠實的風氣泛濫。

3.2 餐旅顧客的興趣與需要

3.2.1 餐旅顧客的興趣

餐旅顧客的興趣是促使他們產生並保持餐旅動機和需要的重要心理因素。餐旅業者研究顧客的興趣，並根據他們興趣的特點加以迎合，進而吸引新的顧客，保持「熟客」，是有很大現實意義的。

1.興趣的概念和分類

(1) 興趣的概念

興趣是人們對於某種事物的特殊的認識傾向。我們在日常生活中會發現：有的人喜愛美食、有的人喜愛旅遊、有的人熱愛運動、有的人熱愛寫作、有的人喜愛研究問題…一種事物對某個人特別有吸引力，促使他很願意去認識它、研究它或從事相關工作、活動，因此可說是他對此事物相當感興趣。

興趣產生和發展的基礎是各種需要，反過來興趣一旦形成又會加強這種需要，並使這個需要儘可能保持下去。人對於某個事物的需要越迫切，興趣就越濃厚。除了週期性的對生理的需要產生的興趣外，社會性需要和精神性需要所產生的興趣都並非一成不變的。所以有些人興趣很廣泛，甚至朝三暮四、朝秦暮楚、三天打魚兩天曬網，而有些人的興趣成爲他學習、工作的強大動力，伴隨他開拓事業，得到尊重，達到自我實現的崇高境界。

(2) 興趣的分類

興趣按性質分可分爲積極的興趣和消極的興趣，或稱爲健康的興趣和不健康的興趣。按工作關係或時間分，可分爲直接興趣和間接興趣。積極的興趣如學習文學藝術的興趣、參加餐旅活動的興趣、上網的興趣等等。如果餐旅業的經理人、管理人員和服務人員對於研究客人的個性，進而爲他們提供所需的服務有興趣，他就會不斷地觀察、研究客人的言行舉止，學習有關的心理學理論知識，掌握管理和服務的各種專業技能。這就是積極的、健康的興趣。就其工作來說，這種興趣也是與工作直接有關的興趣。消極的、不健康的興趣，例如，抽煙、酗酒、賭博、對色情活動的愛好等。對於餐旅業者來說，不光自己不應有這些興趣，對於個別有這些興趣的顧客也要做好說服工作、予以抵制，並引導他們樹立積極的健康的興趣。如安排他們觀看精彩的雜技表演、戲劇表演、逛具有特色的觀光夜市、歌舞晚會等等。對於從事餐廳、客房、導遊、管理的工作人員和服務人員來說，可能對外語、茶道、烹飪、插花、音樂、戲劇並不感興趣，但爲了做好工作，提高服務品質，在業餘時間學習並瞭解這些與工作有關的知識 ，進而產生了興趣，這種興趣即稱爲間接興趣。

2.興趣產生的依據

興趣是個性的重要表現。興趣不同，往往是由個性決定的，但個性的不同又從興趣表現出來。因此，研究興趣是研究個性特點的重要內容。不同個性的興趣是怎樣產生的呢？這是由每個人的生活條件、生活經歷、知識、職業等影響形成的。

(1) 社會生活條件對興趣的影響

每個人都生活在不同的社會環境和家庭教育環境之中，物質生活條件、生活方式、家庭成員特別是父母的教育程度、興趣、職業對個人興趣的形成有很大的影響。文學家家庭的孩子對文學創作或文學藝術的興趣比較濃厚，梨園世家的子弟常常子承父業。「龍生龍、鳳生鳳 ，老鼠的兒子會打洞」的說法倘若只從對興趣的形成影響而言，的確是有一些道理的。

(2) 個人生活經歷對興趣的影響

每個人都有不同的生活經歷和社會經驗，接觸不同階層和文化教育、興趣愛好的人，會形成各自不同的興趣。從小在農村生活或者在農村工作過的人會對農業比較感興趣，當過兵的人對武器比較感興趣，到美國留過學的對美國的資訊深感興趣，運動員自然對運動和體育比賽深感興趣，由教師組成的外國旅遊團會對中國的教育感興趣，要求訪問幼稚園、中學、大專、大學等學術單位；由演員組成的旅遊團到中國來會欣賞當地電影、戲曲、探討藝術家；美食家到中國一定會對「吃」有極大的興趣。

另外，興趣不是天生的，也不是一成不變的，而是後天培養的。個人的經歷發生變化，就有可能導致某些興趣減弱和消失，產生某些新的興趣。

(3) 個人的知識對興趣的影響

一個研究茶葉和釀造的人一般都會對茶道和酒類產生濃厚的興趣，一個熱愛自己專業的廚師肯定會對烹飪大感興趣，工作時全心投入，甚至達到忘我的境界。清代著名學者袁枚寫的《廚者王小餘傳》中的王小餘就是一個典型。

3.餐旅顧客興趣的一般特點

(1) 個性差異形成興趣的多樣化

前面說過，不同的社會生活條件、不同的生活經歷和有不同職業、知識的人，其興趣是不同的。餐旅管理和服務中接觸到各式各樣的顧客，因此他們的興趣必然有很大的差異。除了少數由同一專業人員組成的團隊（例如，教師假期旅遊團、春節旅遊團）

之外，大多數旅遊團隊都是由不同興趣的遊客組成的。他們對觀光、購物、餐飲、住宿等肯定會提出各種不同的要求。接待人員、導遊、服務人員需不厭其煩、周到詳盡地統籌安排，在「大團體中有小自由」，務必儘可能地使所有的人「各取所需，各得其所」。

(2) **興趣的廣泛性存在差異**

有的人興趣廣泛，對很多事物都感興趣；有的人興趣偏窄，僅對個別事物感興趣。興趣廣泛的人適應性強，易於安排，興趣狹窄的人「適應性」差，難於安排。餐旅業者要針對這個特點，安排餐旅活動時應多考慮照顧興趣狹窄的人，滿足了這些人，則興趣廣泛的人也會達到滿足。如果作相反的安排，使興趣廣泛的人滿足其趣但興趣狹窄的人則未必能達到，其結果是大不相同的。

小思考3.5

對餐旅服務人員來說，下列各種興趣中哪些歸屬於積極的興趣：

A.打麻將，B.玩遊戲機，C.打橋牌，D.打網球，E.茶道，F.插花，G.旅遊

答案：C、D、E、F、G

3.2.2 餐旅顧客的需要

1.需要的一般概念和特點

(1) 需要的概念

需要，有些心理學家稱爲需求，它的狹義的概念是指人生理上的一種匱乏狀態（例如，缺乏維生素、礦物質、水分、食物等）引起的某種需要。現代心理學認爲，需要不僅是生理上的，也包括心理上的匱乏狀態（例如，社交的需要、被人尊重的需要、取得成就的需要等等）。

當個體產生生理上的或心理上的匱乏狀態以後，體內的均衡狀態即失去平衡，進而需要加以調節。人體內部需要調節的力量即促動力量驅使個體有所行動，進而產生行爲。最新研究成果指出：個體因血液中葡萄糖降低、胰島素分泌增加，進而產生飢餓感，產生進食的需要。人體內在的促動力量驅使個體尋找食物來進食。這種內在的促動力量，心理學家稱之爲驅力。從個體匱乏狀態到行爲產生的過程如下圖3.5。

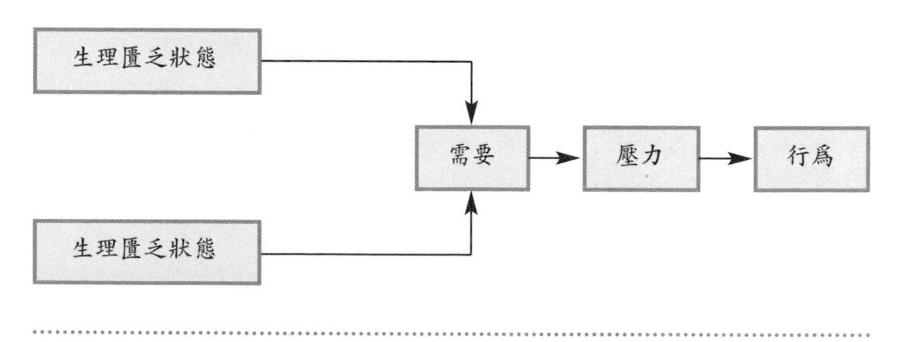

圖3.5 需要與行爲

(2) **需要的特點**

需要是指向一定的事物對象的，而且受一定條件的限制。不論是生理的需要還是心理的需要，都指向某一具體事物。這種對具體事物的需要能否得到滿足，也都受到客觀社會條件的限制。例如，人餓了，需要進餐，就會有餐廳、廚師、服務人員這些條件，他的進餐需要才能得到滿足。當人們感到心理匱乏，產生學習異國風情、去異國旅遊的需要時，此時要有旅行社、交通工具、旅館、導遊等條件才能使他的旅遊心理需要得到滿足。

需要會形成習慣。人們飢而覓食，渴而求飲。西方人早餐多數吃牛奶、麵包、雞蛋、香腸 ；中國北方人則是粥、麵條、饅頭，中國南方人是稀飯、醬菜、大餅、油條等。這已成爲習慣。西方人與中國人易地生活，往往需要花一段時間才能改變這種習慣。有些帶宗教色彩的需要（例如，信奉伊斯蘭教的阿拉伯人、回族人不吃豬肉，印度、尼泊爾人不吃牛肉等），世代相傳，甚難改變。

需要會週期性的重複出現。一種需要滿足以後，不會因此而停止，往往會週期性地出現。 一般而言，人的生理性需要都是會週期性重複出現的，而且受著客觀社會、自然條件的影響。心理性的需要也是會以週期性出現的，不過心理性需要的重複出現的必然性較小，而受社會客觀條件的影響較大。如旅遊的需要，一九九七至一九九九年，受東南亞金融風暴和日本經濟危機的影響，韓國人、日本人即使有了再次出國旅遊的需要，由於受到經濟條件的影響，並未切實去實現。

需要有發展的趨向。一種需要產生並得到滿足以後，會隨著社會物質、文化生活品質的不斷提昇而發展。人類早期進食是爲了果腹，維持生存和發展；現代社會，人們不但要吃的飽、吃的好、亦要「食不厭精、膾不厭細」，而且要品嚐新奇、新鮮、高貴。衣服也是從禦寒遮體到新潮時裝，也是需要不斷發展的結果。精神的需要也是如此，參加過一次旅遊的人感覺很好，接著又會參與第二次、第三次另外路線的旅遊，也有不少人從國內旅遊發展到國外旅遊。西方遊客原先不懂京劇，透過旅行社的安排、導遊介紹，觀賞幾次京劇後，被它那鮮艷奇特的服裝、優美多變的臉譜和唱腔、唱念做打的表演所吸引，而喜愛上京劇，進而產生更高層的研究京劇甚至學表演的需要。

2.需要的分類

心理學家通常把需要分為三大類：

（1）生理性需要

生理性需要，又稱天然性需要。生理性需要是人類為了維持生存和發展，對客觀事物的需求，如對空氣、陽光、水的需要，對衣、食、住、行的需要，對愛情、配偶的需要，對休息、睡眠的需要，對人身、財產、職業安全的需要等。

（2）社會性需要

社會性需要是指人們在一定社會環境裡對工作、運動、交往、求知的需要，被尊重、實現理想抱負的需要等等。社會是十分複雜的大家庭，人們都希望能在這個大家庭中生活、參加各種組織和活動，希望交朋友，被別人理解、尊重，希望有適合自己工作、活動的環境，進而實現自己的理想和抱負。

（3）精神性的需要

精神性需要不能與社會性需要截然分開。有些社會性需要如道德、宗教、文化、美學都可歸入精神性的需要，甚至一些生理性需要如飲食也可發展為精神性需要。如美食家願意花錢品嚐各種美食，並不是因為飢餓；時髦女郎一擲千金購買服裝也不是為了禦寒，而是他們想追求的是心理上、精神上的一種滿足。

3.需要的層次

西方人本主義心理學的創始人之一，美國著名比較心理學家和社會心理學家馬斯洛（1908-1970）提出了著名的需要層次論。他把人的需要分爲由低到高的五個層次（見圖3.6），而且認爲只有當低層次的需要得到滿足以後，高層次的需要才會到來，而較高層次的需要與較低層次的需要之間有著相互依賴和重疊的關係（見圖3.7）。中國古代哲學家所說的「衣食足而知榮辱、倉廩實而知禮節」也說明了這個關係。馬斯洛還認爲，各層次需要的產生和個體的發育程度密切相關：嬰兒期主要是生理需要，隨著年齡增長，逐步產生安全需要、社會需要，到了青少年時代，就產生了尊重的需要等，如此波浪形地推進。就人數而言，需要層次越高，得到滿足的人越少。馬斯洛估計，美國有85%的人的生理需要能得到滿足，20%的人其安全和經濟保障的需要得到滿足，能滿足自我實現需要的則是極少數。

馬斯洛的需要層次論比佛洛伊德（1856-1939，奧地利精神病學家、心理學家）的本能欲望論是個巨大的進步，得到了國際心理學界的普遍贊同。但馬斯洛是以西方人特別是美國人的生活爲素材來建立他的理論。我們引用他的理論來探索、研究餐旅心理學時，應該深入地看待他的結論。他主張需要的層次是波浪式推進的，低層次的需要未得到滿足，就不能產生高層次的需要，在一般情況下是對的。但在特殊情況下，精神的需要會超越生理的需要、安全的需要而成爲第一需要。

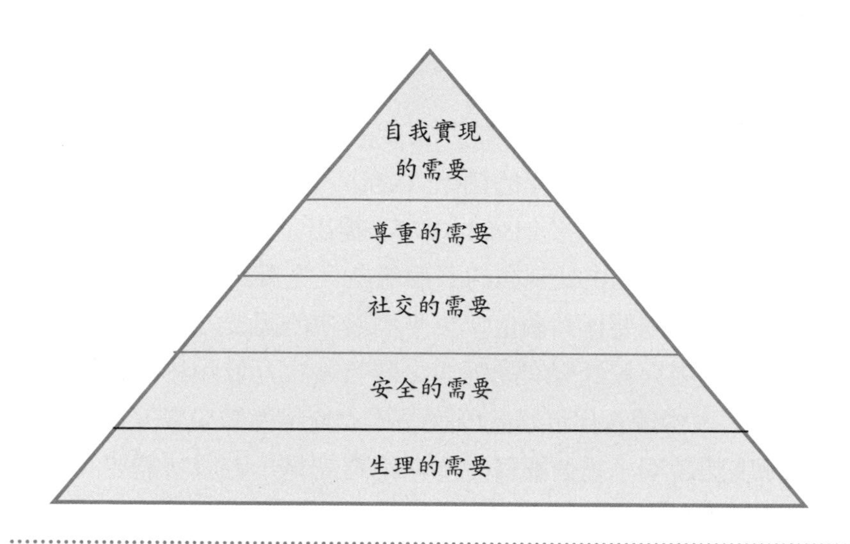

圖3.6 人類需要的層次

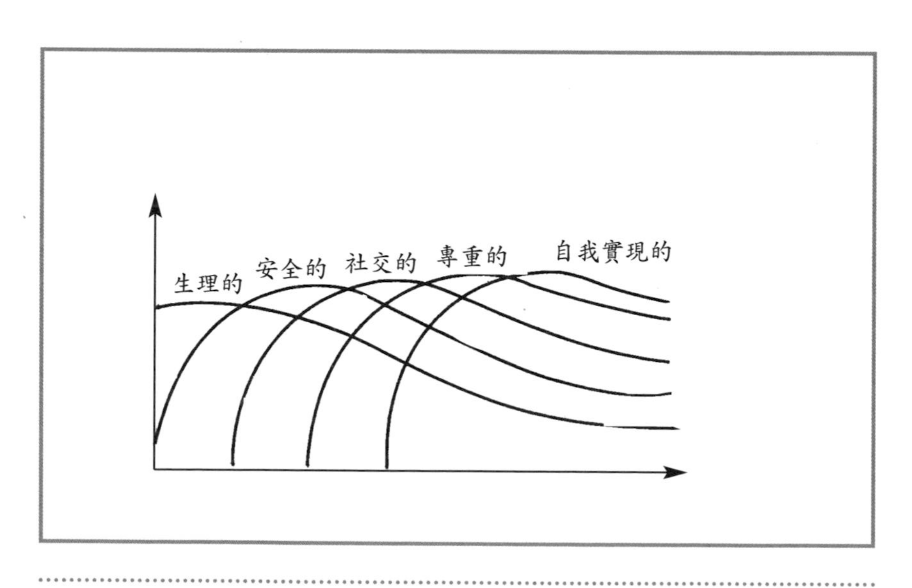

圖3.7 各層次需要的依賴和重疊關係

小思考3.6

1.文天祥不受高官厚祿的利誘，毅然慷慨就義，他實現了哪個層次的需要？

2.董存瑞捨身炸雕堡、邱少雲捨命掩護戰友安全，他們實現了哪個層次的需要？

3.安娜・卡列尼娜的丈夫冷落安娜，並熱衷於參加社交、政治活動，他爲了實現哪個層次的需要？

4.很多模範員工「方便千萬家，麻煩我一人」的思想、行爲反映了他們有哪一層次的需要？

答案：

1.2.文天祥、董存瑞、邱少雲都實現了最高層次即自我實現的需要。

3.安娜、卡列尼娜的丈夫是爲了實現社交的需要和被尊重的需要。

4.模範員工追求的是尊重的需要、自我實現的需要。

3.3 餐旅顧客的動機與態度

3.3.1 餐旅顧客的動機

1.動機的概念和分類

(1) 動機的概念

動機是激勵人們行動以達到一定目的的心理活動。人們所有的行爲活動都是由一定的動機引發、並指向一定的目的。因此，也可以認爲：動機是介於需要與驅力之間又兼有二者某些特徵的心理活動。

(2) 動機的分類

動機如同需要一樣，可以分爲生理性動機（天然性動機）、社會性動機和精神性動機。若從動機的性質分，又可將動機分爲高尚的正確的動機和低級的不健康的動機（或稱積極的、健 康的動機和消極的、不健康的動機）。根據動機在行爲中所起作用的大小，還可以把動機分爲主導的動機和輔助的動機。

在人們的實際行爲中，與同時存在許多需要一樣，也同時存在著許多動機。這些動機的強度也隨時在變動。一個人的行爲由同時存在的許多動機中最強最有力的主導動機（又稱優勢動機）決定，其餘的都是輔助動機。例如，遊客進行了一天的參觀活動以後，回到旅館覺得餓了，進餐的動機成爲主導動機。用完精美豐富的晚餐，回到房間，覺得渴了，這時喝飲料或茶、咖啡成爲主導動機。喝完後想洗個澡早點休息，於是洗澡成爲主導動機。洗完澡後 ，休息就又成了主導動機。

服務人員如能注意觀察並捕捉顧客的主導動機，及時、主動地提供服務，一定會收到事半功倍的效果，受到顧客的讚揚。

2.餐旅動機的產生和激發

(1) 餐旅動機產生的條件

餐旅活動作爲一種有益的高尚的文化學習之旅，其參加者的動機產生的條件是什麼，爲什麼餐旅活動越來越爲人們所鐘愛？國外心理學家做了很多研究，提出了各種說法。歸納起來，餐旅動機產生的條件有下列幾項：

經濟條件：個人的收入增加。世界各國不管其開發程度如何，總體經濟發展狀況比二十世紀六〇年代以前有了很大發展，貧窮國家的數目越來越少。由於各國婦女就業人數在二次大戰後普遍增多，家庭個人收入隨之提高。先進的國家社會福利事業比較健全，退休金提高，退休者也有經濟力量參與餐旅活動。就國內而言，數年來，經濟發展快速、社會繁榮，人們的收入普遍有了大幅度增長，因此出現了許多中產階層和富裕的家庭。很多農村地區脫離貧困，農民的生活也大有改善，也常出國旅遊。近幾年來，由於再就業政策的成功，失業工人重新回到職場或自行創業，眞正待業的人所占比例並不大。「時薪」階層由於不斷加薪，已成了參與餐旅活動的主力。

時間條件：個人支配的時間大幅度增加。先進國家每週工作時間從六〇年代的七〇小時縮短到40～35小時，每年的假期從一個月增加到1.5～2個月。有些國家甚至還實行了帶薪假期制或免費旅遊制度。

交通條件：由於七〇年代以來，國際航線大爲增多，國內高速公路建設日新月異，火車提速，捷運和汽車租賃行業飛速發展，更促使餐旅活動的便捷、更爲節省時間，也就有了更大的可能性。

設施條件：餐旅設施的現代化、多樣化和快速發展，爲各種層次的餐旅顧客提供了方便和多樣性，也滿足不同餐旅動機的顧客需要。

餐旅觀念加強：過去一般人那種沒有婚喪大事不上餐館的觀念和「在家千日好，出門一時難」的老觀念迅速轉變，訪親會友、舉家上館子，以成爲休閒假日必備的安排。

現代通訊和傳播事業發達：人們可以通過報刊、電視、電影、書籍、廣播、網絡等媒介，迅速大量瞭解國際和國內的風景名勝、風土人情、新奇美食、高新科技，進而產生去觀光、休閒、品嚐的願望和動機。

消費觀念轉變：過去國內的人喜歡將錢存入銀行，但由於現在利率調低，愈來愈多人主張「會賺錢也要懂得花錢」及「先享受後付款」等觀念，因此有些銀行相繼推出旅遊貸款，進一步刺激人們「吃、喝、玩、樂」的需要，「及時享樂」的觀念也因此而生。

健康條件：在國外六、七十歲的老年人身體一般都很健康。我國由於醫療保健事業的發展，一般離退休幹部、職工身體都很好，都能參加團隊或個人從事餐旅活動。

休閒的現實需要：過去國外生活步調快、環境污染嚴重，人們情緒緊張，需要以餐旅活動來作爲休閒調節身心。如今國內的情況也是這樣，所以「休閒」、「餐旅」已成爲人們生活中不可或缺的一環了。

(2) 餐旅動機的類型

關於餐旅動機的類型，國內外有各種分析和說法：美國的愛德蒙一九八〇年出版的《旅遊業：世界的縮影》提出了八種類型：

A.健康的原因
B.好奇的原因
C.體育活動的原因
D.尋找樂趣的原因
E.精神寄託和宗教信仰的原因
F.專業或商業活動的原因
G.探親訪友的原因
H.自我尊重的原因

美國約翰托馬斯在〈是什麼促使人們旅遊〉一文中提出了四個項目及十八種旅遊動機（見表3.2）。

日本的田中喜一和今井省五所著的《日本的旅遊事業》一書把旅遊動機歸為四類：

心理動機：思鄉心、交友心、信仰心
精神動機：知識、見聞、歡樂的需要
身體動機：治療、休養、運動的需要
經濟動機：購買商品、商用目的。

美國人麥金托什簡單地把旅遊動機分為四類：

A.身體健康
B.文化
C.交際
D.地位和聲譽

表3.2

文化教育	休息和娛樂	種族傳統	其他
去看看別的國家的人民如何工作、生活和娛樂	擺脫日常單調的生活去好好玩一下	去瞻仰自己祖先的故土	天氣、健康、運動、經濟、冒險
去某些地方觀光		去探訪自己的家庭或朋友曾經去過的地方	勝人一籌的本領
去獲得新聞界正在報導的事件的更進一步的瞭解去參與特殊活動	去獲得某些與異性接觸的浪漫經歷		順應時尚、參與歷史、社會學、瞭解世界的願望

以上這些分類就其內容的闡述來看，實際上大同小異。餐飲是旅遊的重要組成部分，對於部分旅遊者來說，餐飲可能正是其旅遊的目的。所以餐飲動機與旅遊動機基本上是一致的。歸納起來，餐旅顧客的動機大致有五個方面：

第一，健康動機。很多餐旅顧客的動機是爲了休息、治療、運動、消遣。他們學習、工作疲累，健康不佳，透過旅遊，轉換環境，轉換飲食口味或進行食療，到適合自己養病的地方訪求著名醫院、醫生，提高自己的健康水準。很多人認爲：擺脫現代社會緊張、機械單調的生活和充滿噪聲、空氣混濁的大都市的最好辦法，就是到風景優美的森林、海灘、農村、山區或異國去旅遊。還有一些人到著名的遊樂區、溫泉去休息、治療，藉以調節身心，消除疲勞，恢復健康。

第二，購買動機。購買動機出自人們對各種價廉物美的具有民族特色、地方特色的生活用品、文化工藝用品、食品的需求。不少人到國外旅遊純粹爲了購物，有的買珠寶鑽石、黃金飾品，有的買時裝皮鞋、有的僅是爲了品嚐價廉物美不同風味的美食。北京人盛行請親朋好友到天津去舉行婚、喪、壽宴，據說包車到天津，當天來回，吃喝玩樂，不比在北京擺宴席多花幾個錢，何樂而不爲。香港是免稅港、購物天堂，很多人到香港純粹爲了購物 。根據香港有關單位統計，外地遊客在香港的各項開銷中，購物費用占了總開支的56.9%。

第三，文化動機。由於很多人有著強烈的求知欲和獵奇嘗新的心理需求，他們希望瞭解異國的歷史地理、政治經濟、名勝古跡、風土人情、文化藝術、名山大川。所以，外國餐旅顧客到中國旅遊，一些具有代表性的地方往往成爲他們的焦點。例如，北京的故宮、全聚德烤鴨，西安的兵 馬俑、羊肉泡饃、餃子宴，甘肅的敦煌石窟和牛肉拉麵，蘇州、揚州的園林和淮揚菜，廣西、貴州、雲南、四川的奇山異水及辣味菜餚，內蒙古大草原和烤全羊等等。

第四，交際動機。近年來，尋親訪友、尋根問祖的旅遊相當時興。西方還有爲了暫時擺脫家庭或社交活動中的不愉快而去異地尋找友誼成行的。在餐飲活動中，交際動機占了很大比重。親戚見面、朋友聚會、公關活動，都離不開品茶（咖啡）、喝酒、點菜、吃飯。事實上，不管國內還是國外，餐飲活動的動機除了個人果腹、休閒外，其主要動機都是爲了交際，只是方式、規模大小不同罷了。

第五，業務動機。由業務動機而進行的餐旅活動，包括各國政府間政務往來、各種學術研究交流考察和商務活動等等。根據有關部門統計，二〇世紀八〇年代，日本到上海旅行的團隊中

58%是專業旅行團，包括了二十一個行業。國內外旅遊者中，各種專業會議的代表佔了大部分。代表們到地方開會，固然有專業上的充分理由，但遊山玩水、參觀各種人文景觀、品嚐各地不同風味菜餚也是重要原因。

當然，在餐旅活動中，動機不可能是單一的，往往是幾種動機兼有，只不過有輕重先後罷了。

(3) 餐旅動機的激發

從本質上說，旅遊和餐飲活動（不含在家用餐）不是必須的基本生活，而是以享受快樂爲目 的的活動。因此，人們不一定要到某地、某餐館進行餐旅活動。即使有了這種動機，地點的考慮、經濟的打算、時間的許可等，在其決策中也是很重要的因素。如何激發餐旅顧客的動機，是爭取客源的十分重要的一環。

激發餐旅顧客的動機，可以用無意注意的規律，開展廣泛的宣傳活動，透過各種方法，讓自己的品牌在人們頭腦裡激起強烈注意。具體而言，可採用下列方法：

第一，利用廣告和專欄報導，在報刊雜誌上登載介紹風光名勝、餐飲特色的消息、廣告、照片；並向電台、電視台提供記錄片、資料，重點介紹著名景點和名特菜餚；利用巨大的、新奇的、動態的聲光廣告等。

第二，舉辦各種講座、新聞發表會，介紹自己特有的餐旅特色和特色服務。這種講座或訪談可以穿插在一些專業洽談之中。

第三，邀請國內外旅遊商、餐飲集團經理和新聞媒介人士舉行餐旅活動，讓他們親身感受本地豐富多彩的旅遊資源和親口嘗試本地具有特色的美味佳餚，讓他們親身經歷過後「現身說法」，代爲宣傳。

第四，利用各種交易會、博覽會、展覽會、旅遊節、美食節等舉辦餐旅展銷。

第五，在國外、國內各地演出民族、鄉土藝術，宣傳本地的餐旅特色。

第六，派遣餐旅代表團到國內外各地作訪問宣傳、現場表演，引起國內外廣大人士的興趣 。

第七，印製各種介紹本地餐旅商品的宣傳品，如小冊子、畫冊、廣告、遊覽圖、書籍等，廣為散發。國外賓館、飯店都有各餐旅業放在大廳供顧客自由取用的資料、圖片，國內尚很少見。

第八，拍攝有關的電視片、電影向海內外發行。《廬山戀》對介紹廬山起了巨大作用，因為看了《黃山》、《泰山》等電視紀錄片而慕名前往的國內外顧客也是很多的。

第九，在網路上刊登介紹餐旅商品的網頁，編印發行有關餐旅文學作品，是可考慮採用的最新、最有潛力的方法。

第十，利用餐旅顧客做好宣傳工作，這是不容忽視的。因此，最有效的宣傳是做好自己的餐旅商品的品質。品質（包括產品品質和服務品質）才是「生意興隆通四海、財源茂盛達三江」的法寶。

小思考3.8

1.每個人晚上要睡覺，早晨出門學習、工作前要吃早點，這是哪種動機：

A.生理動機B.心理動機C.精神動機

2.某先生想每天要抽一包煙、喝兩杯啤酒，他這兩個動機屬於：

A.積極的健康的動機B.消極的不健康的動機

3.夏天上體育課後，渾身是汗，又熱又累，此時往往較想

A.沖澡B.回宿舍休息C.又想進教室看書，此時的主導動機是什麼？

答案：1.A，2.B，3.A

3.3.2 餐旅顧客的態度

1.態度的產生及構成

態度是一種十分複雜的心理現象，它是個人對某一對象（人、事物、現象）所持有的評價或行爲傾向。一個人的態度會在程度上影響他的行爲取向。

態度的形成受到個體的知識、經驗、動機等認識因素的影響，同時也受到個體對事物的情感和意向（即打算採取的行爲意向）的影響。實際上，認知成分、情感成分、意向成分三者構成了態度。

（1）認知成分

認知成分是個體透過各種感知覺從各種訊息渠道獲得對某一對象（人、事物、現象）的認識、理解和評價。所以，認知成分是態度形成的基礎，沒有認知，即無所謂態度。

（2）情感成分

情感成分是個體在認知基礎上對某一對象作出的情感上的判斷即好惡等。情感成分是態度的核心，有什麼樣的情感，才會有什麼樣的態度。例如，人們從電視、報紙、雜誌上看到和從朋友那裡聽到：上海作爲國際大都市這幾年市政建設投入很大，城市面貌發生了巨大變化，且它又是全國乃至全世界美食薈萃的地方，比起世界上的其他大都市，例如，紐約、東京、巴黎、香港…簡直有過之無不及，這些認知使他產生了喜歡、嚮往上海這個美麗、繁華、現代化的大都市的態度。

（3）意向成分

有了正確的認知和喜愛的情感，就會產生積極肯定的反映傾向亦即行爲傾向。根據上述的例子，某個人已經對上海有了正確的認知、喜愛的情感，他就會產生到上海去看看的想法，一旦有了機會、條件，他就一定會去上海旅遊。

2.態度的複雜性及對決策的影響

（1）態度的複雜性

態度的複雜性主要是由認知的複雜性及情感的複雜性決定的。一個人在對餐旅活動的認知過程中接觸到大量形式各異、內容不同、評價不一的訊息，這些訊息有些是書面的，有些是畫面的、有些是圖像的、有些是口頭的，而這些訊息本身對某一事物的介紹千變萬化，評價可能褒貶不一。因此個人的情感也就複雜多變，甚至有時肯定、有時否定，這樣他態度的意向成分往往會猶豫不決。舉例來說：

例一：A先生要裝修新買的三房一廳的房屋，於是請他的朋友B介紹裝修工程的經理C吃頓飯。爲這件看似簡單的事他考慮了好幾天。爲什麼呢？因爲A先生看了經銷商裝修的樣品屋和書店裡買來的《家庭裝潢大全》，又看了電視上的介紹，單位同事、親戚朋友也出了不少主意，妻子主張一次購足，要豪華、要有超時代意識，但自己囊中並不十分寬裕，再加上應該用何種材料、顏色、工期 、工價等…由於他得到的訊息實在太多、太複雜了，於是莫衷一是，一團亂。因此他要請朋友B介紹這個裝修工程的經理C，準備好好談一談，打算「敲定」。可是，此時又在猶豫的是只有自己加B、C三人吃飯，還是叫上妻子，再加一二個懂得的親友？晚宴設在哪家餐館，其層級價位如何？喝飲料、酒好呢？還是只喝飲料不喝酒（喝了酒容易激動、不清醒）等等。

例二：D小姐本來與男朋友約好元旦休假時要到歐洲旅遊，簽證也都拿到了，但情況發生了變化，男友的公司有緊急任務，延遲了他的假期。問題：D小姐一個人是否要成行？此時其男友建議不要去，日後一再起去；可是D小姐想去，理由是多費工夫，等了那麼長的時間，且又花了不少手續費，若決定不去不合算。可又是怕一個人沒有伴，不方便、不安全，父母的意見也不一致。最後總算決定要去，於是開始注意天氣預報、瞭解該路線幾個歐洲國家的政治、經濟、社會安全、商品價格，購買出國的衣物、藥品，不少親戚朋友托買物品…忙得不亦樂乎、身心交瘁，最後關頭父母勸阻，男朋友堅決反對，同事鼓勵去，D小姐簡直不知如何是好。這種情況看（圖3 .8）即可一目了然。

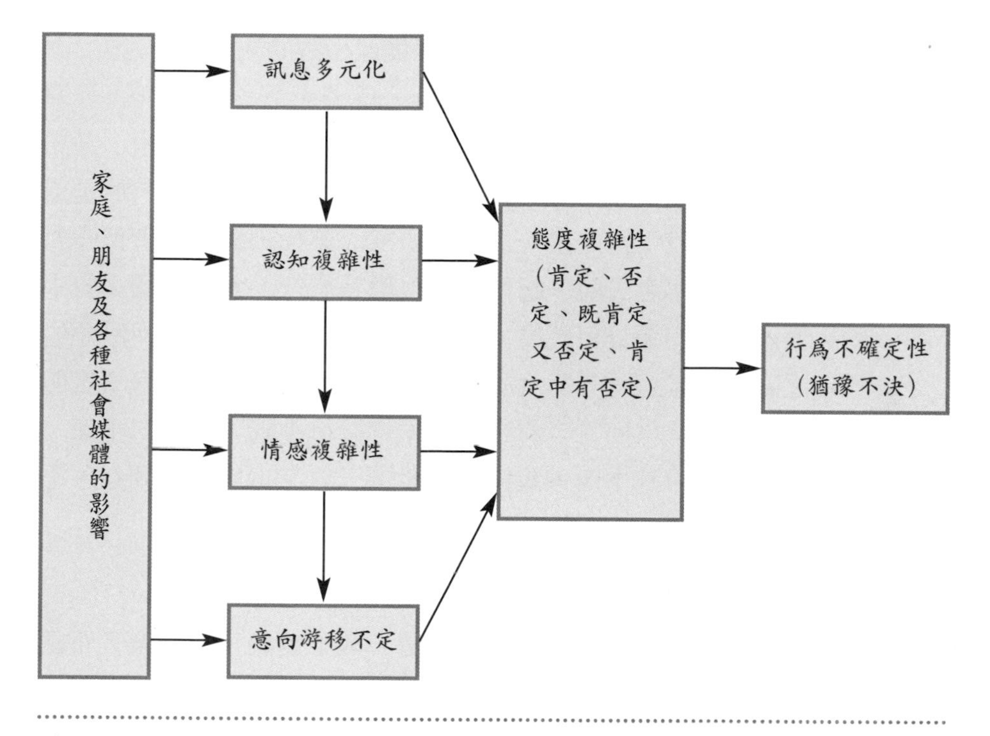

圖3.8

（2）態度對決策的影響

態度雖不能完全決定人們的實際行爲，但對實際行爲的影響是巨大的。也就是說，當人們決定要採取某項行爲時，態度是其決策的主要因素。

一般情況下，人們在決策的時候，要通過思維，運用抽象、概括、分析、比較等等方法對已認知事物的各種訊息進行研究，但由於已經有了某種態度，這個態度在決策時就會起主導作 用。態度是肯定的、積極的、熱愛的，那麼決策就可能是肯定的：做某件事或去某地進行餐旅活動；如果態度是否定的、消極的、厭惡的，那麼決策就可能是否定的：不做某件事或不去某地進行餐旅活動。這是大多數情況：決策與態度是一致的。

在特殊情況下，由於政治因素、經濟影響、個人利害等關係，會出現決策與態度不一致的情況。例如，在西方國家，某議員對A先生當議長不贊同，但由於自己所屬黨派的決定，於是違背自己的態度投了贊成票。二十世紀三〇年代，美國學者與一對中國的年輕留學生夫婦一起作了一次環美旅行，當時美國人對中國人懷著極大的偏見與歧視，但美國的餐旅業者在金錢與厭惡的態度之間作出了違背其態度的決策：在住過的六十六家汽車旅館中有二十二位業主回答了問卷，不願意接待中國人的有二十家；在用過餐的一百八十四家飯店中有四十三位業主回答了問卷，不願意接待中國人的有四十家。

(3) 餐旅態度的改變

前面提過，態度是複雜的，不是一成不變的。餐旅業者希望不願到餐館吃飯的人都能到餐館吃飯，旅行社業主希望不想參加旅遊的人都能來參加旅遊，此時就要試著改變他們的態度：把消極的態度轉化成積極的態度，把否定的態度轉化成肯定態度，把猶豫不決的態度轉化成堅決的態度。但是要改變別人的態度並非易事，從餐旅行業的經理人、管理者和服務人員一方來說，還是需要專業的努力。

第一，要時常更新餐旅產品，不斷提昇餐旅產品品質。餐旅產品包括有形的商品，例如，菜餚食品、環境設施等等和無形的商品，例如，管理、服務等。首先，從餐飲食品方面要求新、求變，不能墨守成規、一成不變；從環境設施方面，要不斷改善基礎設施、交通、住宿、娛樂條件；從管理、服務方面要運用先進技術（例如，電腦結算、預訂等等）提高管理、服務水準。這就要不斷地去瞭解研究顧客求變需求和外部條件，對管理人員進行業務培訓，增強服務人員外語、交際能力和各種技能的培訓，進而不斷改善他們的管理水準和服務技能。其次，餐旅行業還可運用價格策略。例如，在淡季時給予優惠打折、展開各種促銷活動等等，促使顧客改變態度。在目前我國餐旅市場上，這是經常運用也是比較行之有效的辦法。

第二，要大力開展餐旅宣傳。我國有很多很好的餐旅資源，但由於不重視或尚未意識到廣告宣傳的作用，即有「養在深閨人未識」之感。一旦識破「廬山眞面目」，便很快會顧客盈門，甚至人滿爲患。蘇州附近的幾個江南水鄉，例如，周莊等，僅僅幾年的宣傳、開發，如今已達到餐旅接待能力的超飽和狀態，不得不用大幅度漲價來限制遊客人數。宣傳的方法有很多，前面在提到的激發餐旅動機時說的十餘點，均可供參考。

第三，不惜工本，舉辦各種小型餐旅活動，免費舉辦對餐旅不感興趣的人參加系列活動，改變他們的態度。這個辦法往往很管用。免費參加的活動吸引力最大，辦得好的話，則這些參加 者都會變成有力的宣傳者和促銷者。吃虧即占便宜的道理是餐旅業者值得重視的。二十世紀初上海的電燈尚未普及，當時中國人用菜油燈或蠟燭，對美國的煤油燈不感興趣，因此美孚石油公司經銷商把裝滿煤油、搭配擦得光亮的玻璃燈罩煤油燈送給中國居民使用，一但燈油用完了，煤油燈的優越性立即呈現了，中國人於是紛紛改用煤油燈，奠定了美孚石油公司在中國幾十年的一統天下的局面。

小思考3.9

某工會主席張先生為舉辦單位員工旅遊的事宜幾次與某旅行社老板李先生協商，李先生態度強硬，拒不降價。張先生可採用何種方法與他再次談判：

A.按李先生報價成交；

B.通知李先生如不降價就拉倒；

C.請李先生吃飯，並告知自己與另兩個旅行社談判，人家的報價都比李先生低。

答案：C

案例分析

一所商業職業技術學院的餐旅管理系辦了一家實驗飯店——桃李園餐廳。由於是校辦企業，管理力量強、烹飪技藝高加上實習學生的規範服務、價格公道，一度時期近悅遠來。顧客反映：菜餚種類豐富、味道好，價格適中、服務好，願意來這兒用餐。生意蒸蒸日上，負責人很開心得意，自此他的態度也開始鬆懈：原先每天早到晚歸、上班前動員開會、下班後小結檢討，監督採購、嚴格控制品質。由於現在生意好了，不愁沒有人吃，自己也可以歇一口氣了。於是遲到早退，上班前後會不開了，原料採購不若以前嚴謹，菜餚品質不穩定，價格也慢慢上升。長時間菜單一成不變、未能推出新品味菜餚、點心；學生的實習期一到便換另一批新學生，開頭不適應，餐廳經營情況急轉直下：「門前冷落車馬稀」反應出現景。系主任意識到情況不對，立即加強管理，著重採購、菜餚和服務。負責人經過這次教訓，意識到自己所犯的錯，下定決心，自我整頓。首先他公開貼出「向老顧客道歉書」，並鄭重承諾：恢復原來價格，並在店門口明碼標價；每週推出新菜餚點心各三種；培訓實習生，迅速提高服務品質；在櫃台旁的玻璃櫥裡陳列每天的新品味的菜餚點心，接受顧客監督。這些措施推出不久，桃李園又重新「站」了起來，門庭若市。

思考題：

1.試想，桃李園的興→衰→盛是否與負責人沒有管理風險（沒有考慮到知覺的相對性、整體性）和對顧客的風險知覺缺乏應有的警惕有關？

2.之後拯救桃李園，他採用哪些方法來改善對餐旅的態度？

關鍵概念與名詞

錯覺	知覺的一般規律
知覺的相對性	知覺的選擇性
知覺的整體性	知覺的恆常性
知覺的組織性	人際知覺
自我知覺	第一印象
角色知覺	對餐旅對象的知覺
對餐旅距離的知覺	對交通條件的知覺
餐旅風險知覺的種類	興趣的概念和分類
餐旅顧客興趣的一般特點	需要的概念和特點
需要的分類	動機的概念
餐旅動機產生的條件	餐旅動機的類型
餐旅動機的激發	態度的構成
態度的複雜性	態度對決策的影響

本章摘要

本章是全書的重點，起著承上啓下的作用。它是前兩章的具體化，著重探索和研究餐旅顧客個體心理的一般規律和特點：

1.餐旅顧客的感覺和知覺。在闡明感知的一般規律基礎上，探討了人際知覺（包括：自我知覺、第一印象、角色知覺）及餐旅顧客對餐旅對象、餐旅條件的知覺和風險知覺，提出了消除風險知覺的方法。

2.餐旅顧客的興趣與需要。在闡明興趣的概念、分類、產生的依據的基礎上，著重探討了餐旅顧客興趣的一般特點；主在闡明需要的一般概念及特點、分類的基礎上著重探討了需要的層次，餐旅顧客的需要既有生理性需要又有心理性需要和精神性需要，主要的還是後兩項需要。

3.餐旅顧客的動機和態度。主在闡明動機的概念、分類的基礎上重點討論了餐旅顧客餐旅動機產生的條件、類型（本書歸納爲五個方面：健康動機、購買動機、文化動機、交際動機、業務動機）特別是激發餐旅動機的十種行之有效的方法；在闡述態度的產生、構成的基礎上，通過舉例探討態度複雜性及其對決策的影響，最後則爲餐旅業者提供一些淺見認爲較切實可行的改變餐旅顧客態度的辦法。

練習題

3.1 什麼是知覺？

3.2 什麼是錯覺？

3.3 知覺的一般規律有哪些？

3.4 什麼是自我知覺和第一印象？

3.5 海外十個國家把中國大陸作爲餐旅知覺對象時，他們最感興趣的是哪三點？

3.6 餐旅顧客的風險知覺有哪些？

3.7 說說興趣的分類。

3.8 餐旅顧客興趣的一般特點是什麼？

3.9 需要有哪些特點？

3.10 需要有哪幾個層次？

3.11 餐旅動機產生的條件有哪些？

3.12 餐旅動機有哪五種？

3.13 態度的形成受哪些條件的影響？

3.14 探討如何改變餐旅顧客的態度。

習題

3.1 試說明知覺的分類。

3.2 舉例說明生活中常有的錯覺。

3.3 試說明在餐旅工作中運用知覺選擇性規律的作用。

3.4 什麼叫暈輪效應，它在人際知覺中有何作用？

3.5 餐旅顧客對餐旅條件的知覺有哪些？

3.6 消除風險知覺的方法有哪些？

3.7 興趣產生的依據是哪些？

3.8 需要是怎樣產生的？

3.9 需要分爲哪三類？

3.10 探討動機的概念。

3.11 哪些辦法可激發餐旅動機？

3.12 探討態度的構成。

3.13 舉例說明態度的複雜性。

第4章 餐旅顧客群體的組成和決策

學習目標

4.1 餐旅顧客群體的組成
4.2 餐旅顧客群體的一般需求
4.3 餐旅顧客群體的決策
案例分析
關鍵概念與名詞
本章摘要
練習題
習題

學習目標

1.瞭解國內外各種餐旅顧客群體的構成及其特點。
2.瞭解不同餐旅顧客群體的一般需求。
3.瞭解不同餐旅顧客群體決策的特點。

前一章我們已詳細地探討有關個體餐旅顧客的一般心理特點和需求，爲本章的學習、討論打下了基礎。事實上，在我國，餐旅活動的「獨行客」是很少的。通常所說的餐飲企業的「小吃」，若果眞是一個人，則基本上是爲了果腹，爲了滿足生理性需要而來。兩人或兩人以上的大小團體是餐飲活動的主體。旅遊也是如此，旅行社的所謂「散客」，一個人的「獨行客」也極少，即使有，也是組合在各種小型團隊中。所以旅遊活動也是以大小團隊形態出現。這大小團隊除情侶、朋友、家庭這些小型群體外，大部分是鬆散的、臨時組合的群體，一部分是一個公司的或一個部門的專業性群體。

既然餐旅行業接待並爲之服務的顧客主要是各種大小群體，那麼對群體的構成、特點、一般心理需求和群體決策的特點進行研究，從而進行針對性的服務，甚至據以制定發展餐旅業的方針政策、改進服務設施，提高服務水準和管理水準，進而贏得顧客的青睞和支持，爭取顧客再度光臨——爭取客源，是十分必要的。

4.1 餐旅顧客群體的組成

群體是由心理上有相互影響的成員組成的一種組織形式。群

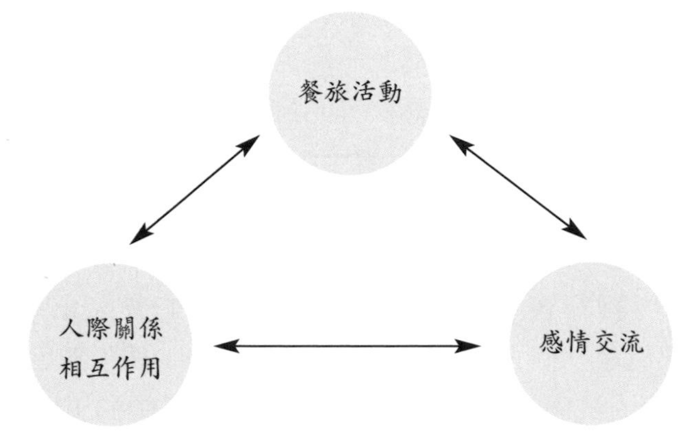

圖4.1 群體中個體間相互影響關係

體中的每個個體之間在餐旅活動、人際關係相互作用、感情交流三者之間關係比較密切，能互相影響（如圖4.1）。

依照規模來區分，可以把群體分成小型群體和大型群體兩大類。

4.1.1 餐旅小型群體的組成

1.最小的餐旅群體——兩人型

兩人型的餐旅群體依兩人間的關係可以分為很多種類型，例如，朋友（同性朋友、異性朋友）、師生（同性師生、異性師生）、情侶（年輕情侶、中年情侶、老年情侶）、夫妻、母子、母女 、父子、父女、祖孫等等。這裡著重討論年輕情侶的情況。現今年輕情侶依其相互關係可歸納為四種類型：

(1)「白馬王子型」

這種類型的二人關係，往往表現在女方主動追求男方，處處遷就甚至討好男方，什麼主意都由男方來決定，因此男方處於決策的主導地位。例如，要到哪間餐廳吃飯，吃什麼，要到什麼地方旅遊，搭乘何種交通工具，往往是男方說了便算數。即使由女方主導，也是會先徵求男方的同意。

(2)「孔雀公主型」

這種類型的二人關係，一般是男方主動追求女方，處處遷就、討好女方，女方決定一切、男方來執行。正好與前一種情況相反。過去這種情況比較少見，近年來隨著觀念的更新、女性就業的普及和經濟地位、政治地位的提高，逐漸地多了起來。

(3)「相互依戀型」

這種類型的情侶，關係比較密切，感情也十分和諧，而且不再以初戀時的感情來決定一切，考慮問題、處理相互關係比較理性，什麼事都互相商量、互相尊重，共同來決定。

(4)「若即若離型」

這種類型的二人關係處於戀愛或「談朋友」的開始階段或經過一段時間交往，互相覺得不太適合，相互間缺乏巨大的吸引力，但又不肯就此立即分手，所以處在若即若離的微妙階段。

第一、二兩種類型的情侶需求往往比較單純，也比較容易滿足，較不會挑剔，因爲他們陶醉在兩個人的感情生活裡，餐旅活動不過是個附屬品，他們往往覺得世界十分美好，一切都令人滿意，對一切都不大在乎。

第三、四兩種類型的情況就不一樣了。第三種類型決策慢，什麼事都反覆商量，追求兩個人最滿意的情況。因此接待他們要有耐心，若能表現出對他們關係的羨慕則很容易使他們感到滿足。第四種類型的情侶最難接待了，稍有不周常會成爲他們鬧彆扭的導火線。所以接待他們要特別小心且富有耐心。

上述四種青年情侶的情況，在中年情侶、老年情侶中也是如此。不過中、老年情侶經歷豐富，感情更加複雜或更加理智，不像青年情侶那樣容易顯露情緒。由於我國幾千年傳統觀念的影響，中老年情侶往往仍會有些許傳統的顧忌。接待他們時，應切忌多問、多說，也不應表現出少見多怪的神情或好奇的眼神。這是需要特別注意的。

2.典型的家庭群體——三人小群體

家庭是社會組成的基本單位，也是單獨的閒暇群體。不論是國外還是國內，家庭是由父母及一個孩子組成的，是餐旅活動的重要參與對象，也是餐旅業者的重要客源。根據統計，在美國人參加的娛樂活動中，大約有2/3以上屬家庭性質，在文化性閒暇活動中，有近40%的也是屬於家庭性質。所以在餐旅活動中，情況也大致如此。

家庭參與餐旅活動受到家庭週期的影響。由於不同週期的家庭，其成員的年齡、經歷、興趣、經濟條件及相互之間的關係有異，表現在參與餐旅活動方面的情況也會不一樣。

爲了方便說明，我們按照國外的研究成果，把家庭分爲青年階段、中年階段和老年階段三個重要階段。

(1) 青年階段的家庭

這個階段的家庭主要成員的年齡在三十五歲以下，往往有一個年齡較小的孩子。由於這個階段的家庭在房子、傢具、家用電器等「硬體」設備和對孩子教育投資投入都比較多 ，開銷也較大，家庭旅遊主要是利用孩子的假期做短途旅遊，以教育目的爲主的渡假，更多的是參與餐飲活動，例如，帶孩子去享用孩子喜愛的又不太貴的食品，例如，肯德基、麥當勞、中式自助餐、各式風味小吃等等。

(2) 中年階段的家庭

這個階段的家庭主要成員在三十六歲至六十歲之間。這個階段，大多子女已長大成人，有的可能有了一份很好的工作。夫妻在工作上、事業上都有了一定的成就，經濟上比較寬裕。這個階段是舉家出遊或經常參加餐飲活動的黃金時期。他們旅遊的地點往往比較遠。要到一些新奇的或沒有去過的地方去，品嚐未嘗過的食物，甚至有不少家庭出國旅遊，參與異國情調的餐旅活 動。根據有關部門統計，一九九九年我國出國旅遊人數已達到193.3萬人次，比一九九八年增加60%。其中中年家庭占了相當大的比例。

(3) 老年階段的家庭

一家之長退休的時候，家庭的老年階段就開始了。離休和退休的經濟有保障的老年人，如果身體健康而且有閒暇時間，他們會把很多時間用在參加餐旅活動上。近年來，除了參加由公司或村里的旅遊團之外，老年人夫妻兩個直接參加旅行團到國內風景名勝甚至到國外短期旅遊的有增加的趨勢。國外來華觀光的老年旅行團也呈上升趨勢，其中不乏以家庭為單位而組團的。

3.國內的旅遊群體——旅行團隊

我國餐旅客源，就數量而言，主要還是以國內顧客為主。這幾年來，由於觀念的改變，富裕起 來的農民加入了餐旅活動的隊伍，使國內餐旅顧客的人數大大增加。國內的餐旅顧客群體基本上有下列數種。

(1) 企業家群體

企業家群體是一個大的分類，其實在這個群體內部，若從經濟條件或餐旅需求而言，包含幾種不同的企業家：

A.由於經濟結構的改革，尚未走出困境的國營大中型企業的廠長、經理。他們囊中羞澀，除一些愛擺排場者外，大多在消費上比較「節儉」。

B.近幾年崛起的金融界的企業家們財大氣粗，有的頤氣指使，出手大方。

C.鄉鎮企業家們，前些年曾經一路大發，成為我國經濟的寵兒，這幾年正處在二次創業的階段，對參與餐旅活動，顯得心有餘而力不足。

D.許多賺了錢的個體工商業者，賺錢容易，對於金錢也較捨得。他們中不少人持「多花點錢無所謂 ，只要玩得開心」的消費態度。

(2) 公務人員、專業技術人員群體

因公務出差的人次相當驚人。出公差中包括：開會、檢查指導工作、觀摩學習等等。由於他們見識廣博，對餐旅服務的硬體設備和服務品質的要求都比較高。

公務人員多半是領公家薪資，經濟上較不寬裕。他們大多數具有較高文化水準，重事務輕享受。出差辦事往往講求實效，消費水準較低，對服務的要求也不高。

專業技術人員的情況比較複雜，有的經濟上較寬裕，可上餐廳享受美食，也有寒酸得住不起商務飯店、經常吃泡麵。這個群體傾向於重事業重實效，對口腹之欲、住房娛樂都不太講究。這類顧客比較著重接待。但由於他們是社會的精英、國家發展的柱

石。在國家增加科技投入、重賞有成績的科技人員政策逐步落實之日，他們將逐漸發展成我國上層或中上層人物，往後也是餐旅活動的重要參與者。

(3) 富裕起來的農民、勞工及青年學生群體

富裕起來的農民和勞工及青年學生，是近年來加入我國餐旅活動的一股新生力量。農民富裕以後，觀念大轉，到外地旅遊的不少，甚至出現了集體包機出遊的現象。一些年輕藍領工人、學生利用假期參加餐旅活動，近年來數量也大為增加。雖然這個群體目前的消費水準還不高，但他們擁有巨大的人數優勢，是我國重要的餐旅客源。

(4) 少數民族和宗教界人士群體

少數民族和宗教界人士在餐旅顧客人數中占的比例雖然不大，消費水準也不高，但其政治影響較大。我國有幾十個少數民族，他們的信仰和生活習慣不同，所以他們組團參與餐旅活動時都由有關單位接待，但也有個別散客，所以服務人員也應瞭解有關佛教、道教、基督教、伊斯蘭教的基本教義、戒律和禁忌以及主要少數民族的生活習俗，給予針對性的優質服務。

4.國外、境外的餐旅群體

隨著經濟快速發展，國際地位日益提高，旅遊資源也獲得進一步的開發。到二千年，大陸已有二十七處文化遺產、自然遺產或文化與自然雙重遺產被聯合國教科文組織世界遺產委員會列入《世界遺產名錄》，國外的餐旅顧客一年比一年大幅度增加 ，國籍、民族也越來越複雜。根據世界旅遊組織預測：到二○二○年，大陸內地將成為世界第一旅遊熱門景點，每年將吸引1.3億名顧客。事實上，大陸的餐旅事業已獲得巨大發展，一九九九年大陸接待海外旅遊人數和外匯收入已從世界排名的第四十一和第三

十位上升到第六和第七位，速度遠遠超過了其他國家。

以大陸爲例，國外和境外的餐旅顧客大致可以歸納爲四種群體：

(1) 港、澳、台人士、華僑、外籍華人

隨著香港、澳門相繼回歸大陸、台灣與大陸經貿往來的日益發展，香港、澳門、台灣人士每年進入大陸的餐旅顧客成倍數增加。華僑、外籍華人回鄉探親訪友、觀光旅遊、洽談生意、興辦實業的也越來越多。他們一般都有強烈的自尊心和鄉土情感，要求得到熱情的接待。由於經濟實力相差甚大，所以對服務的硬體、品質要求也大不相同。

(2) 日本人、美國人

國外餐旅顧客中，以來自日本和美國的居多，約占顧客總數的50%左右。他們多半參加旅行團，也有少數散客。旅行團主要是專業團體，接待要求一般，重視任務的完成，也希望儘可能多看看，以增加對中國的瞭解，增進友誼。他們很願意去瞭解一般中國人的實際生活。散客往往是高層人士或有錢商人，受人尊重的心理很強烈，從對他們的稱呼到吃的飲食、住的房間都要求較高級，願意單獨活動。

(3) 英、德、法、俄等歐洲人

英、德、法等西歐人來華參與餐旅活動的人近年來迅速增加，除少數在大陸經商者外，他們多半以專業團體入境，散客很少。大體上說，英國人愛講派頭、重禮節、自尊心強；德國人直爽、重視效率；法國人愛虛榮、重享受、愛面子；俄國人經商的多，層次不很高。對他們應視不同情況，給予滿意的服務。

(4) **非洲人和阿拉伯人**

非洲人和阿拉伯人到大陸參加餐旅活動，多半是專業考察或進修學習，青年人居多，年長一些的則主要從事商業貿易活動。他們的生活習慣、宗教信仰比較特殊，性格豪爽易於衝動，看重情誼，對人眞誠。由於中國近幾年與非洲、阿拉伯的友好關係與貿易額日益增長，所以今後非洲、阿拉伯的顧客會逐年增加。

1.外國人夫妻（或情侶）住宿時，飯店櫃檯服務人員要求他們出示結婚證，你認爲有必要嗎?

2.餐廳接待人員在接獲接待外國團隊進餐的業務時應事先瞭解團隊的國籍、民族、用餐禁忌和習慣，對嗎?

答案：1.沒有必要；2.對的，應該這樣。

4.2 餐旅顧客群體的一般需求

前面幾章已談論，每個人都有生理性需求、心理性需求和精神性需求。餐旅活動作爲一種高水準的文化學習活動，主要是心理性需求和精神性需求。當然每個顧客的需求是不一樣的，也可以說是有多少種餐旅動機就有多少種餐旅需求，不同國籍、民族、宗教信仰的人，還有一些特別的習慣或禁忌，我們在此無法一一列舉，這裡僅就一般餐旅顧客的普遍心理需求加以介紹。

4.2.1 追求美好的享受

綜合分析中外餐旅顧客的需求，最普遍的就是追求美好的享受。他們花費金錢、時間、精神都是爲擺脫日常枯燥、單調、緊張的生活或人際關係、工作環境，希望藉此得以放鬆，希望得到美好的享受。這種享受既包括生理上的（例如，口腹之欲、鍛鍊身體、促進健康），也包括心理上的（例如，結交好朋友，被人尊重，心理上的放鬆）和精神上的（例如，享受異國情調的音樂、美術、藝術），總之，最終目的在於獲得美好的回憶和心靈上的美好感受。

4.2.2 追求新、奇、美、古、險的刺激和感受

人類有好奇的本性，也有永不滿足的求知欲，渴望瞭解新知識、新事物。看慣了自己身邊的一切，人們想藉由新的餐旅活動去嚐嚐沒有吃過的食物，去看看沒有見過的景物，去瞭解自己不熟悉的新鮮事物（包括：異國的政治經濟、歷史地理、自然風光、人情習俗、文化藝術等等）。

我國是具有五千多年文明的世界古國，地域遼闊、地貌地形複雜多樣，人文景觀豐富多彩。對於世界上大多數國家的人而言，還是一個神秘的國家。他們都想來親自看一看大陸的新氣象、新成就、新的旅遊景點，新一代的生活方式等等；看一看大陸的奇──奇特的自然景觀（名山大川、瀑布溶洞、民族風

情）；享受一下大陸獨特的美── 中國的各種美妙藝術、美味佳餚；領略一下大陸的古── 中國五千多年的歷史寶藏（秦皇漢武的歷史遺存，唐宗宋祖的豐功偉績等等）。

大多數旅客也是爲了看新── 例如，廣東深圳、上海浦東新區的日新月異等等；探奇、探險── 例如，參觀桂林山水、貴州溶洞、張家界、黃山、九寨溝的奇山異水等；訪古── 例如，憑弔秦始皇陵、兵馬俑、萬里長城、北京故宮等；享受美好的生活── 例如，品嚐各地千變萬化的美味佳餚，欣賞日出，泡溫泉，享受四季如春的自然環境等等。換言之如果沒有了好奇心和求知欲的滿足感，也就沒有餐旅活動。

4.2.3 希望得到舒適的服務

不管是哪個國家或民族的餐旅顧客，也不論是哪一種動機促成的餐旅行爲，會想要獲得舒適的服務。即使從事餐旅服務的人員，一旦他參加餐旅活動，成了餐旅顧客，也希望得到舒適且周到的服務。這就是花錢買享受的眞諦。這種服務並非僅是一時一事的短暫服務，而是應該貫穿在整個餐旅活動過程的始終。例如，一開始聽到導遊熱情的歡迎，幫忙遞行李、扶持上車；途中風趣、詳盡的解說，參觀的內容豐富多彩、可看性強，滿足顧客的好奇心和求知欲；用餐時環境衛生、菜餚精美可口，服務人員的服務親切、周到；下榻的飯店設施完善，乾淨、安靜、安全…直至滿意地結束全部餐旅活動。用「賓至如歸」來形容顧客得到舒適的服務並不恰當，因爲不少餐旅顧客是因爲在家裡無法享受到「舒適的服務」才參與餐旅活動的。即使在家是比較舒適的，但一旦成爲餐旅顧客，花了錢，心理上就想過得比在家裡更舒適！他們要得到尊重，被當成貴賓來接待。站在餐旅顧客的立場上而言，「軟體」（服務）比「硬體」（設施）更重要。因爲服務品質佳，即使設施差一些，顧客還是可以諒解的；「硬體」再好，服務品質低，處處給顧客冷面孔，甚至惡言相向，顧客也會「乘興而來，敗興而返」，不可能再度光臨。

4.2.4 需要得到社交和友誼

馬斯洛的需要層次論認為：人在得到生理需要和安全需要以後，就有社交的需要，希望與別人交往，被社會和群體接納，希望與人建立友誼、維持和諧的關係。持交際動機而進行餐旅活動的顧客固然把社交和友誼放在首要位置，持其他動機參加餐旅活動的顧客也有社交和友誼的需要。一個餐旅群體內部個體間的理解與友誼，對於圓滿完成整個餐旅活動也是十分重要的，即所謂的「同舟共濟」正是這個意思。

4.2.5 希望餐旅商品物美價廉、「價平質優」

參加餐旅活動的人，都會考慮餐旅的費用，但其出發點、衡量的方式和結論卻因人而異。多數人要求物美價廉，有些人要求「價平質優」——價格合理、設施、菜餚、導遊、服務品質優良；有些人對價格考慮不多，但對品質要求很高，認為錢多一些無所謂，只要能讓自己滿意。對品質和價格的考慮，並不只是取決於顧客的經濟狀況。有些很有錢的人斤斤計較，有些經濟並不寬裕的人卻又很捨得花錢。這裡面包含複雜的心理因素。也說明了瞭解顧客興趣、需要和個性的重要性。服務不能以貌取人，更不能重富輕貧，以金錢來衡量人。所以應當研究顧客心理，靈活運用來進行各取所需的服務。而服務是一種「商品」，在這裡就可呈現出來了。

小思考4.2

如果你是旅行社經理，有一個旅行團的不少成員在活動結束後向你反應：此行「不値得，花錢找罪受！」你怎麼辦？

答案：詳細瞭解情況，找出問題所在，向客人致歉並加以改進。

4.3 餐旅顧客群體的決策

餐旅顧客群體的決策包括許多內容，首先，群體本身由哪些人組成或由哪個族群的人組成，由哪幾個人組成？這要作出決定。其次，群體組成後是否要確定該組之領導人，這個餐旅群體的目的地、時間、搭乘何種交通工具，消費預算等，都需要作出相應的決定。根據群體的正式與非正式，有導遊及無導遊等，可將餐旅群體區分爲正式的有導遊的群體和正式的無導遊的群體，及非正式的有導遊的群體和非正式的無導遊的群體四種。

餐旅顧客群體不論是哪一種，其決策都是在餐旅顧客個人決策的影響下進行的。所以，我們要先討論決策的含義及個人決策的相關問題。

4.3.1 個體餐旅顧客的決策

1.決策的概念

決策是人們在蒐集、分析大量資訊後，結合自己的興趣、動機、需要等複雜的心理活動，最後決定要採取某種行動的過程，心理學上又稱決策過程。

任何決策都不是一蹴可及的。有些決策在決策者的日常生活中經常以相同或基本相同的形式出現，決策者憑經驗即可輕易地作出決定，這類決策稱為規範性決策（也可稱爲經驗性決策或習慣性決策）。然而，客觀事物是錯綜複雜、千變萬化的。決策者遇到的許多問題都不能只憑藉他習慣的規範性決策，而要靠大量準確可信的資料、豐富的經驗、淵博的知識、敏銳的洞察力和活躍的思維，經過反覆思考後才能決定的決策稱爲廣泛性決策或非規範性決策（又稱爲評估性決策或討論性決策）。餐旅顧客的決策根據他對餐旅對象的瞭解程度、對資訊量需要的多寡、作出決策所需的時間之影響，使他的決策方式分布在規範性決策和廣泛性決策之間的某一點上。還有一種決策叫瞬時決策，就是在一瞬間作出的決策（我們也可稱之爲衝動性決策或偶發性決策）。這種現象在文學上稱爲「靈感」，由於它是因爲人在一瞬間受到巨大而強烈的心理刺激進而激發出其潛在的動機、需要或某種觀點而形成的。瞬間決策在個體餐旅顧客決策或餐旅顧客群體決策中都經常可以遇到（見圖4.2）。

2.影響個體餐旅顧客決策的因素

餐旅顧客作出決策會受到他本身各種心理因素和社會因素的雙重影響，是這些因素綜合作用的結果。當然，這些因素對每一個人的每一個決策所引起的作用是不相同的。不同的人由於其本

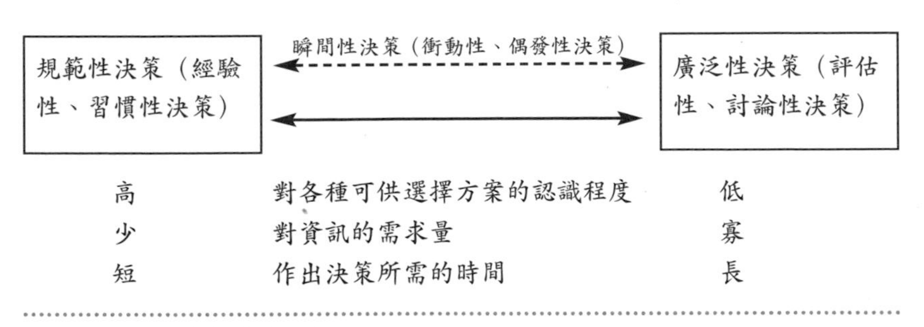

圖4.2 三種決策方式的關係

資料來源：根據劉純《旅遊心理學》p.17圖改繪。

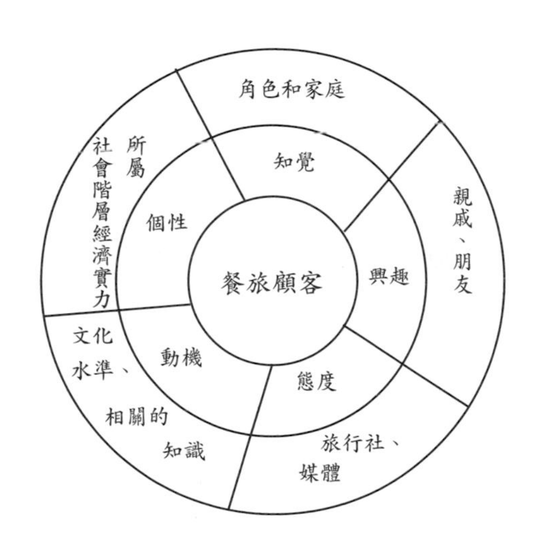

圖4.3 影響餐旅顧客決策的心理因素和社會因素

資料來源：根據劉純《旅遊心理學》p.18圖改繪。

身的心理特質不一樣，教育背景、社會經歷、地位、在餐旅活動中的角色及其參照群體不同，都會作出不同的決策。我們通過對圖4.3的研究可以更加清楚地瞭解這一點。

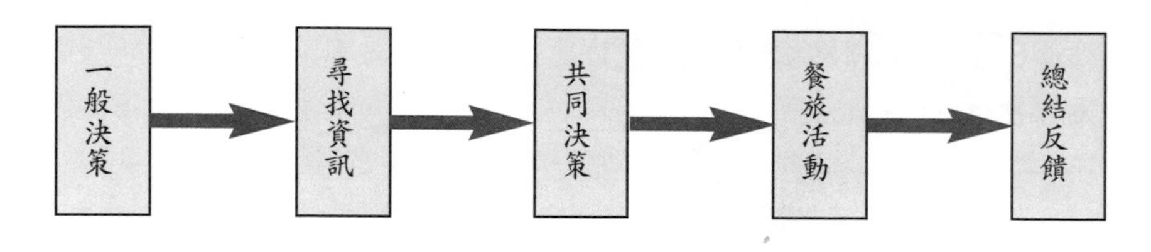

圖4.4 家庭餐旅活動過程

4.3.2 家庭餐旅決策

1.家庭餐旅活動的一般過程

家庭餐旅活動的一般過程包括五個階段，如圖4.4所示：

(1) 一般決策階段

這一階段解決的問題是否參加一次餐旅活動，以及根據自己家庭的經濟情況和需要參加一次何種等級的餐旅活動。例如，子女過生日要請親戚參加生日宴會，至於要辦幾桌酒菜，每桌多少錢；或者是兒子大學畢業，爲了慶祝是否舉家到香港、新、馬、泰等地去旅遊呢。

(2) 尋找資訊階段

這一階段解決的問題是圍繞在確定餐旅對象（或路線、類別、時間等）尋找有關的文字資料、口頭建議等等，儘可能蒐集足夠的資訊進行分析比較，最後作出決策。在眾多資訊中，通常以家庭成員（特別是家長）透過個人獲得的參照群體或個人提供的資訊所產生的作用最大；其次是親戚提供的資訊；最後是朋友、同事提供的訊息；旅行社的小冊子或文字資料所產生的作用最小。爲什麼？因爲一般人們更相信有親身經歷的人的經驗，而這個人與決策家庭的關係越密切，他的親身經歷就越產生作用。

這幾年商業不正之風泛濫、宣傳言過其實者不少。所以人們產生了反感，對旅行社的介紹或承諾一般都表示相當程度的懷疑。

(3) 共同決策階段

這一階段是家庭成員把他們各自獲得的資訊經過他們自己的「消化」，提出來共同討論，然後作出一致的決定。這個階段由於每個家庭成員之間的關係、文化程度、經歷、心理需要等因素不同，常常有很大的區別。有時這個階段會拖延很長的時間、經過反覆多次才能完成。在這個階段中，中、老年家庭往往由家長（一般是父親，也有不少是母親）起主導作用或共同討論後由家長「拍板」。但在以教育或休閒爲主的假期餐旅活動中，孩子的意見往往有絕對的影響。

(4) 餐旅活動階段

在這一階段常常會發生改變計畫、增減內容或出現「瞬間」決策的情況。每個家庭成員特別是孩子，會提出自己的看法或要求，但對決策起重大影響的主要還是一家之主或掌握實際經濟權的成員。

(5) 總結回饋階段

這個階段有些人稱之爲滿意、抱怨階段。人們全家參加了餐旅活動之後，會產生肯定或否定的情感體驗：自己花費的金錢、時間、精力與享受到的餐旅商品包括服務相互比較，是否「物有所值」。這個階段的情況也是複雜的，可能有很滿意、滿意、有些滿意、 有些不滿意、一般、不滿意等反應。現在不少旅行社都在事後向餐旅顧客進行訪問或發問卷調查，根據他們的回應改進工作，這是值得提倡的。

4.3.3 餐旅群體的決策

根據前面的分類，不同類型的餐旅群體的決策有其不同的特點。

1.正式的有導遊的群體

正式的餐旅群體是由某些公司或企業透過某種形式的決定確定的，本身就有領導者或召集人（例如，團長、工會主席、秘書長等），他們參與餐旅活動一般是按計畫安排的，細節都與承辦單位（餐廳或旅行社等）事先以協議、合約進行確認。所以不存在一般意義上的餐旅決策。但群體成員的臨時動議（例如，要求換酒、增加飲料、加菜、改變旅遊路線、增加或減少景點等）和「瞬間決策」常常會要求作出計畫外的決策。這種決策多數由這個群體的領導者個人或集體商量後作出的，導遊在其中常能發揮很大的作用，特別是利用「瞬間決策 」，介紹了新景點或當地著名酒類、菜餚之後。

2.正式的無導遊的群體

這種群體的決策與前者相同。由於沒有導遊，當臨時提議或主要成員的瞬間決策產生，一般不會遭到反對。但參與餐旅活動，畢竟不是在公司討論工作，不少經理人在這種場合比較民主，願意傾聽大家意見。此時若有非正式群體的中心人物存在，他的意見對決策常能起關鍵作用。

3.非正式的有導遊的群體

這種群體絕大多數由素不相識的一些人由旅行社按照旅行路線組成。他們彼此都不瞭解，如果短時間內沒有中心人物的出現，則一切將由導遊主導。導遊有臨時動議或某個人有臨時動議提出需作「瞬間決策」時，導遊會徵求大家的意見且以多數人的意見爲主。關於非正式群體，請參考第6章。

4.非正式的無導遊的群體

這種群體主要是由一些志趣相同、餐旅對象相同或旅遊路線相同的人組合起來的臨時性群體，少則三五人，多則十餘人。這種群體的組成往往是由中心人物發起，這個中心人物就是決策的主導人物。若是臨時湊合起來的（例如，旅途中臨時增加景點，只有部分人有興趣，因而臨時湊成一個小組），則其中的提建議的人、年齡大的人或能言善道者，熟悉路徑的人都可能成爲臨時的中心人物，成爲決策的主導者。

這類群體過去不多，近幾年逐漸多了起來。有些利用假期租車（人少搭小轎車、人多搭遊覽車）到不太遠的地方進行餐旅活動或一起出國旅遊的已不少見。

瞭解餐旅顧客的決策特點、類型對餐旅行業的經理人、管理人員和服務人員都是十分重要的。瞭解顧客的決策過程、特點和類型，可以確定什麼時候、什麼場合向他們提供什麼樣的訊息，使之足以影響餐旅顧客的決策。另一方面，瞭解了顧客的決策，才能有提供高品質的服務，提高經濟效益和社會效益。

小思考4.3

既然餐旅顧客在決策過程中對企業提供的宣傳資料並不重視，乾脆省點錢，不印這些資料如何？

答案：不對，資料要印得更精美，餐旅商品和服務水準更要好上加好，使之「名副其實」，換回顧客對企業宣傳的信任，這才是上策。

案例分析

王先生一家三口，他本人四十多歲，身強體壯，在上海一家中外合資企業當部門經理，收入豐厚，可是常忙得不可開交。一年一度的休假已經兩年未曾使用，多次想回福州老家探望年老雙親但都未能成行。王太太是個小學教師，平時工作很辛苦，收入卻不高。看到人家常常舉家出遊，內心也非常羨慕。他們的兒子大寶今年國中畢業，常常吵著要利用暑假去看看中國的大好河山、人文景觀，印證一下地理課和國文課、歷史課上學到的知識。他的一些同學打算透過旅行社前往雲南旅遊，觀訪世博園、登西山、參觀民族風情園，再去看石林、體驗阿詩瑪的美麗傳說…大寶非常想去。當他把這個想法告訴父母時，爸爸非常贊成，卻又表示自己沒那麼多時間陪他去。媽媽也支持他去旅遊，但覺得去雲南費用太貴、時間太長，如果爸爸不去，她們母子二人，也有點膽怯，再說王先生也不放心讓他們二人獨自前往，最後王先生決定藉此全家人一同出遊，放鬆一下，但爲期最好不要超過一週。

決定後，一家人忙著找資料、找親戚、朋友、同事、同學商量，打電話到本市幾個旅行社詢問，每天晚上三個人都一同討論有關此行的事，有時爭得面紅耳赤…最後，他麼有了共同的共識：第一，三個人必須一起去；第二，時間最重要，不能超過一週；第三，三個人總費用不能超過五千元（這也是王太太堅持的）；第四，要滿足大寶的願望，讓他看到中國的奇山異水、著名的人文景觀。

思考題：依照王先生一家人所作出的決策，請你設計一條旅遊路線。

提示：若去武夷山、福州、杭州路線，可以滿足大寶的要求，同時讓王先生順路看看年邁雙親，時間不超過七天，價格不超出王太太堅持的五千元。

關鍵概念與名詞

群體	最小的餐旅群體──兩人型
典型的家庭群體	企業家群體
國外境外的餐旅群體	餐旅顧客群體的一般需求
決策的概念	規範性決策
廣泛性決策	瞬間決策
影響決策的心理因素、社會因素	餐旅群體的決策
家庭餐旅活動的五階段	

本章摘要

本章主要研究餐旅決策及餐旅決策過程中所受心理因素、社會因素的影響。

1.人們的餐旅決策方式主要有規範性決策、廣泛性決策及瞬間決策。一般餐旅決策主要是廣泛性決策和瞬間決策。決策受到知覺、興趣、動機、態度、個性等心理因素和文化水準、經濟實力、社會地位、角色和家庭、各種媒體資料的廣泛影響。

2.最小的群體單位是二人型。按照二人之間關係分有很多組成形式，本書著重探討年輕情侶的四種類型及其決策情況。

3.典型的家庭群體── 三人型是中外家庭群體中最普遍的一種構成形式。家庭群體在其青年階段、中年階段、老年階段的不同時期，餐旅需求與決策是各有特點的。

4.大型的餐旅群體，國內的可分為：企業家群體；政黨幹部、公務人員、專業技術人員群體；富裕起來的農民、勞工及青年學生群體；少數民族和宗教界人士群體。

5.國外的餐旅顧客群體有港、澳、台人士、華僑、外籍華人；日本人、美國人；英 、德、法、俄等歐洲人；非洲人和阿拉伯人四種。

6.餐旅顧客群體的一般需求可以概括爲五個方面：追求美好的享受；追求新、奇、 美、險的刺激和感受；希望得到舒適的服務；需要得到社交和友誼；希望餐旅商品物廉價美、「價平質優」。

7.餐旅群體從決策角度來探討有四種類型：正式的有導遊的群體；正式的無導遊的群體；非正式的有導遊的群體；非正式的無導遊的群體。不同類型的決策過程、起主導作用者是不同的。前兩種以企業主管爲主，後兩種以導遊和中心人物爲主。

練習題

4.1 最小的餐旅群體青年情侶有哪幾種類型？

4.2 家庭餐旅活動分爲哪幾個階段？

4.3 國內餐旅群體有哪幾類？

4.4 餐旅群體的一般需求有哪些？

4.5 什麼是決策？

4.6 決策受哪些心理因素的影響？

習題

4.1 四種青年情侶的決策特點是什麼？

4.2 家庭群體不同年齡階段的餐旅需求各有什麼特點？

4.3 國外餐旅群體有哪幾種類型？

4.4 決策有哪幾種？

4.5 決策受哪些社會因素的影響？

4.6 餐旅群體的決策有哪幾種類型？

第5章

餐旅顧客對環境、設施的審美心理

學習目標

5.1 顧客對餐旅環境的審美心理

5.2 顧客對餐旅設施的審美心理

案例分析

關鍵概念與名詞

本章摘要

練習題

習題

學習目標

1.瞭解不同餐旅顧客對環境的審美心理以改善環境。
2.瞭解不同層次餐旅顧客對飯店設施的審美心理並加以改善飯店設施，提高服務層次。

人們對事物的印象和認識總是從感覺開始的。顧客來到飯店，首先是用各種感覺器官去感知飯店周圍的環境，第一印象十分重要，它在時間上往往只是一瞬間，但作為表象記憶卻可以保留很長時間。所以飯店都要十分重視環境的佈置美化，並注意設施的完善，以滿足顧客的審美心理需求，從而為企業帶來更高的經濟效益。

5.1 顧客對餐旅環境的審美心理

飯店環境主要是指室外環境和室內環境。室外環境主要指飯店的地理位置和建築外觀。如果飯店的地理位置優越，建築外觀獨特新穎，就會吸引顧客，使他們產生餐旅動機和行為。

5.1.1 顧客對餐旅環境的審美心理

1.顧客對旅館地理位置的心理選擇需求

飯店是為顧客提供服務的場所，這就決定了飯店在空間位置上必須方便顧客進行餐旅活動。只有在能滿足顧客旅遊活動的前提下，顧客才會對該飯店作出選擇。因此，在籌建一座旅館或飯店之前，要研究客源市場和顧客流動的情況，選擇合適的地理位置。當然，由於旅遊地區、中心城鎮的土地資源珍貴，在無法選擇建造新飯店的地理位置或者飯店已經建造完畢處於營業之中的情況下，就要根據飯店的現有條件來進行旅客市場分析，創造條件，彌補飯店地理位置不利的因素，以滿足不同餐旅動機的顧客不同審美心理需求，保證充足的客源。

持有不同餐旅動機的顧客對飯店的地理位置有不同的心理需求。

（1）觀光型顧客

旅遊景觀因素（包括：自然景觀、人文景觀因素）是吸引顧客產生旅遊動機並作出旅遊決策的首要因素。景觀就是客源。飯店要吸引客人，就必須依賴周圍的景觀——借景引客。因此，以旅遊觀光爲目的的餐旅顧客，尤其是年老體弱的客人喜歡選擇離旅遊景點較近或與幾個旅遊景點距離適中的飯店住宿，以節省路途往返時間，避免由於過多地乘車趕路而產生的時間上的緊迫感與生理上的疲倦感，而有更多的時間仔細觀賞遊覽。

（2）會議型的顧客

以開會、學習爲主要目的顧客則希望在清靜、離鬧市區稍遠或離風景區較近的飯店住宿，在開會、任務完成之後，就近能欣賞自然景觀、人文景觀。

（3）商務型的顧客

以外出洽談、辦公、購物、貿易爲目的的顧客，喜歡選擇處於市中心交通便利、離辦事地點較近的飯店，以便掌握訊息，便於往來，儘快完成公務活動，在公務之餘憑藉便捷的交通遊覽重要景點。

2.顧客對飯店建築造型的審美心理

建築是一種凝固的音樂。飯店建築外觀的高度、造型、色調、材料等諸多因素的合理配合，能形成其獨特新穎的建築風格和藝術形象，從而引起顧客的豐富聯想，產生獨特的美感。

(1) 有些顧客喜愛現代式建築

現代式旅館，其基本形式是高層建築。它給顧客的感受是穩固整齊。就以上海各大旅館、飯店的建築來看，一九三三年由匈牙利人鄔達克設計的「四行儲蓄會大樓」，即後來的國際飯店，以83.3米的高度，雄踞上海半個世紀而無人超越。它的外型模仿美國摩天大樓，採用直線條的建築藝術手法，挺拔雄偉。一九七○年以來，上海旅館的高層建築如雨後春筍般地興起，造型各異：瑞金大廈呈方型，新錦江呈圓型，城市酒店呈鋸齒型，華亭旅館呈S型，太平洋大飯店呈弧型，虹橋旅館和銀河旅館是三角成對型，揚子江大酒店是幾何斜面形等，都以柔的流線，剛的挺拔，方的規劃，弧的韻律，構成美的時代交響曲，給人以無限的美的延伸及享受。

顧客住進這些現代化旅館、飯店，既能得到享受，又能滿足他們顯示自己地位和聲望的心理需求。

(2) 有些顧客喜愛仿古式建築

仿古式旅館，以仿古建築爲主。其特色是採用大屋頂、琉璃瓦、古典裝飾，從造型到裝飾追求古色古香。如中國大陸山東曲阜孔廟附近的闕裡旅館、四川樂山大佛的楠樓旅館等，都反映出中國民族傳統的特色，亦滿足旅遊者探索中國古代文化奧秘的心理需求，也使國外旅客有瞭解中國傳統文化精粹的機會。住進這些旅館，既是一種未有的享受，又能滿足他們求知好奇的心理。

生活在現代的人們，對往昔的生活，往往持有一種懷舊情緒，所以仿古建築便應運而生。這種懷舊情緒，在歐洲也曾使西方古典式建築盛行一時。中世紀的許多建築，甚至連倉庫都被改成旅館，設備是現代化的，內部結構仍保有古風。連服務人員穿戴的衣帽都是仿古的。西班牙的古堡旅館從外觀到內部佈置不僅保持濃厚的民族特徵，而且還提供有出租盔甲、毛驢、馬車的服務，使顧客能藉此過過癮，體會到唐吉訶德式般的騎士生活。

(3) 有些顧客喜愛鄉土式建築

鄉土式旅館，運用民居建築形式，斜坡屋頂、馬頭牆，採用當地的竹、木、石、磚等當地建材來裝修，粉牆、青磚、木柱、瓦頂，呈現出古拙、純樸清新的鄉土風味。例如，福建武夷山莊、幔亭山房，著意渲染山野情趣，使久住城市的旅遊者，能改變環境，觀賞自然美，領略鄉土情調，滿足「重返大自然」返樸歸眞的心理需求。

國外鄉土氣息的旅館建築也頗多盛行，如毛里求斯的皮羅克旅館中的一百間客房，全用當地建材修建，且全部面向蔚藍大海。它的造型很像貝殼，中間爲公共活動中心，上覆大型殼狀穹頂。坦桑尼亞巴哈里海灘旅館，其建築群是由二十五幢兩層四間客房的小屋組成，以珊瑚石爲牆面，中間爲帳篷式草頂，覆蓋著空間寬敞的公共活動中心。以上這些建築都具有濃郁的鄉土情趣。

(4) 有些顧客喜愛幾何形建築

由於人們物質生活日益提昇，旅客在外往往不滿足於單一的建築形式，喜好尋求完全新穎的幾何體作爲旅館建築的造型。於是一大批在立體和空間藝術處理上與以往不同的幾何形體建築物相繼出現。例如，義大利聖菲利斯六邊形旅館，德國奧格斯堡市圓柱形塔式旅館，日本東京新大谷風車形旅館等。一九七〇年代，國外有些旅館造型追求標新立異，例如，捷克的潘諾馬旅館，它的一百零四間客房組成一個上大下小的倒台階形式；尼加拉瓜馬那瓜旅館，外形像一座金字塔，突尼斯還出現了鳥翼式旅館。一九七〇年代末期，美國的一些設計師又挖空心思設計出圓筒形、方筒形塔式旅館。這些新穎旅館，完全摒棄了傳統的造型觀念，反映出西方人追求新奇的審美心理，滿足了旅遊者追求新奇的獵奇心理需求，因而招徠了更多的顧客，創造出更高的經濟效益。日本本州島的內海沿岸有一家汽車旅館——倒立式旅館，室內的裝潢、擺設都上下顛倒，除了桌椅的腳是朝下之外，其他的一切，包括櫥櫃統統都倒掛在描畫成地板的天花板上，連花盆裡的花也是從上向下倒著長。這座原先樸素無華、門可羅雀的典型的日本屋，由於滿足了遊客獵奇的心理而聲譽大噪，身價百倍，每天接待的顧客有兩千餘人次，其中不乏慕名而來的。目前，這座超現實主義風格的建築已被列爲日本國家級旅遊名勝。

3.顧客對室內環境和佈置的審美心理

(1) 顧客對室內環境的審美心理

室內環境與人們關係最爲密切，因爲人們大部分時間都是待在室內。當人們旅居投宿於飯店，大部分時間也是在室內中渡過。所以飯店要特別著重室內環境的佈置。首先是保持整潔，如國內許多頗具知名的飯店，時常有清潔人員定時清理環境，隨時保持飯店內部的整潔，以便讓顧客有乾淨舒適的第一印象。其次是安靜，對於各種設備發出的機械噪音都應當嚴格控制，客房的樓板、牆壁、門窗等最好都具有隔音裝置，以提供安靜的環境，滿足顧客對安靜的心理需求。再來是安全，運用照明和防火、防盜、警報等裝置，減少危險度創造出安全的環境，使旅客在心理上增加安全感。最後，保持適當的室內溫度和濕度，控制好室內光線的強弱，營造出一個整潔、優雅、舒適的環境，使顧客有賓至如歸的感覺，消除旅途的緊張和勞累，進而得到充足的休息和心理的滿足。

(2) 顧客對室內環境佈置的審美心理

不同身份和經歷的顧客對旅館、飯店室內環境的心理需求是不一樣的，旅館、飯店應對室內空間的佈置下一番工夫，提供不同款式風格的居住空間，以滿足不同旅客不同的心理需求。

首先，對中國民族傳統的憧憬。圓山飯店內的裝潢及其宴會廳佈置，營造出富有中國建築的風格，顯示了雄渾的中國氣派，使旅客能感受到中國文化的精粹。外國旅遊者客居在有中國傳統風格的旅館裡，能瞭解中國文化特色，滿足他們享受異國風情的心理需求。

其次，是對民族風情的獵奇。中國是一個歷史悠久、疆域遼闊、多民族的文明古國，從南到北，跨越了熱帶、亞熱帶、溫帶、寒帶等氣候帶；從西往東經過了高原、山地、盆地、丘陵、平原。歷史上形成了各地的不同民俗風情，室內環境佈置的風格也都有顯著差別。各地的飯店在繼承傳統、發揚地方特色方面都下了不少功夫。中國的上海龍柏飯店的竹餐廳採用江南常見的竹作爲室內環境設計的主要用材，裝飾牆面柱面，天花板上佈置斗笠形竹編燈罩，牆柱上佈置畚箕形竹編壁燈，充分體現了江南水鄉的地方風味。又如福建武夷山莊的幔亭山房的內部環境選用竹、木、石等地方材料裝飾，天棚和牆壁飾面用當地生產的熱壓成型的竹編，地面用鵝卵石砌就，燈具用毛竹筒製成，傢具則運用天然原木枝節彎曲造型而成，粗獷別緻，充滿山野情趣。顧客住進這些飯店，頗能領略當地民俗和風情。國外遊客到此也能體味鄉土氣息，滿足他們對民俗風情的獵奇心理。

4.顧客對色彩的審美心理

色彩是構成環境美的重要因素，也是改善室內空間所不可或缺的。而且色彩對於人們的心理和情緒有著明顯的效應：暖色調使人感到熱烈興奮，冷色調使人感到幽雅寧靜。暖色能擴大人的瞳孔，加速脈搏跳動，冷色能減輕人們疲勞，平心靜氣；明快的色調可以使人感到清新、愉快；灰暗的色調使人感到憂鬱沉悶。

因此，飯店的客房、餐廳等不同空間的色彩運用要考慮其使用功能和情緒原理，才能將色彩功能發揮得宜。

（1）客房一般採用中性偏暖、彩度較低的顏色，使人感到親切溫暖而寧靜。臥室採用暖色調 ，可以減輕旅客空虛孤獨之感。

（2）中式餐廳使用金黃、朱紅、黃等光色，適合中國人進餐時興高采烈的心理要求。西式餐廳一般採用溫暖而較深的色彩，例如，咖啡色、茶色、褐色，創造寧靜舒適的氣氛，以適應西方人的進餐心理。酒吧間則應選用暗淡偏暖的色調，例如，茶色、古銅色等，以產生幽雅的情趣。

（3）公共活動區域，要求色彩明朗、熱烈，以達到具有較強吸引力的目的。如大廳應使用暖色調及明亮的照明，使旅客產生溫暖和「賓至如歸」的印象。

5.顧客對音響的審美心理需求

和諧的聲音作用於聽覺能使人感到悅耳動聽，使人動情。聲音有音樂和噪音之別，它原本是物體的自然形式，本與情感含義無關，後來與人的社會生活發生了聯繫，於是自然聲音跟人們的情感結上了良緣。聲音是表達情感的物質載體，人們從聲音的高低、長短、緩急和聲音所組成的節奏、旋律中，體會到內含的思想情感，引起豐富的聯想和強烈的共鳴。

人們喜愛安靜的環境，但不等於完全死寂。「蟬噪林愈靜，鳥鳴山更幽」，正因爲能夠聽到蟬噪和偶爾的一兩聲鳥鳴，才顯得山林的幽靜，才感到有生活氣息，而不致引起恐怖孤寂的感覺。所以，在旅館的庭園和室內有的場所，播放迎賓曲之類音樂，會給遠道而來的顧客有親切溫暖之感，使他們頓覺疲勞盡失；但也不能長時間播放音樂，因爲會干擾旅客的休息和睡眠。一九六七年美國建築師波特曼設計的亞特蘭大海特攝政旅館中，將鳥籠放在中庭，被稱作「有聲雕塑」，因而增添了些許的生活氣息。現在許多五星級飯店的大廳酒吧裡，常能聽到優美輕盈的旋律，以及專業琴師和樂手們精湛的演奏。爲旅館增添些許的藝術氣氛，提供顧客以優雅的藝術享受，滿足顧客對音響的心理需求。

有些飯店的餐廳，提供有卡拉OK設備，讓顧客在享用餐點時播放，顧客自娛自樂，以助雅興，增加歡樂氣氛。對飯店來說，可以藉此招徠客人，增加飯店效益。但須注意的是音量不能過大，因爲音量過大即成噪音，影響他人用餐情緒。所以在客房區域方面，要嚴格隔絕噪音以免影響客居品質。

5.1.2 改善餐旅環境做到賓至如歸

旅館飯店的環境對顧客能產生以上所說的巨大心理影響，所以旅館必須千方百計改善環境，提昇服務層次，實現「賓至如歸」的服務宗旨。

改善室內外環境可從以下幾方面入手。

1.庭園綠化

庭園綠化是飯店建築整體不可分割的組成部分，是旅館外部環境改善、美化的重要因素。巧用空間庭園綠化，使顧客不必深入山野幽壑，就能領略大自然的風光。有關庭園綠化有下列幾種類型：

(1) 室外庭園

一般建於旅館的前庭，或主樓與邊房之間，佈置山、石、水、花、木和建築亭台小島，構成一個自然山水畫意的園林空間。例如，墾丁凱撒飯店採用這種形式。

(2) 室內庭園

即在中庭重點佈置山石泉水，花木亭榭。如大陸著名的廣州白天鵝旅館中庭「故鄉水」即以高牆瀑布為主景，以意味深長的「故鄉水」命名，「別來此處最縈繞」的詩句使顧客——海外赤子似乎回到了故鄉山涯流泉，為之心潮激蕩，思緒萬千，對故鄉倍增眷戀之情。有些旅館沒有較寬敞的中庭，就在入口大廳處鑿池引水，植以花木，把自然山水引入室內，構成天然圖畫、幽雅意境。

(3) 屋頂花園

由於都市以高密度化發展，所以綠地較少，故在有限的空間裡利用建築天台來進行綠化，引用庭園藝術，來達到多層次都市的綠化，許多高層樓旅館常採用。例如，廣州東方旅館、白天鵝旅館、北京長城飯店、上海波特曼大酒店等都採取屋頂花園綠化形式。這種綠化方式能給住在高層的顧客帶來安定的地面感，為旅客提供更綠意、優美的休閒空間。

2.主題裝修

為了突顯室內某種特質的氣氛或情調，表達出特定的主題，可利用當地現有的材料和具有地方色彩的藝術品來進行室內裝飾。這種室內裝飾的藝術手法，叫主題裝修。例如，深秋季節，菊黃蟹肥，將之突顯於旅館風味，定能產生無窮意趣：餐廳低平近水，窗外廣植蘆葦，旅客可眺望煙波渺茫的湖景，室內盆栽或瓶插菊花，牆上掛歷代名人持螯賞菊、對菊吟詩等國畫作品，形成濃郁氣氛，使遊客在蟹宴時，亦能體會古人對酒當歌、持螯賞菊的雅趣。大陸北京有一家頗具台灣風味的餐廳，其壁上懸掛描述台灣風光的字畫，餐廳內到處可見台灣工藝品的陳設，裡頭的服務人員亦用閩南話彬彬有禮地接待客人，使人踏進餐廳，大有親臨寶島之感。

3.意境開拓

「意境」是中國評價文學藝術作品的特有標準。意境也稱境界，王國維在《人間詞話》中說：「言氣質，言神韻，不如言境界。有境界，本也。氣質、神韻，末也。有境界而二者隨之矣。」意境即「言外之意，物外之境」。心理學家認為，這種「言外之意，物外之境」之所以能在觀者的心中產生，是透過記憶聯想而喚起人們以往的經歷和經驗，即所謂「觸景生情」，達到「情景交融」的境界。前述廣州白天鵝旅館中庭主景「故鄉水」，就能夠勾起海外赤子緬懷故地的意境。北京崑崙飯店的意境創作，也以昆崙山神話題材來構思，飯店餐廳的名稱及精心設計的「八景」，均取自有關昆崙山的典故，充分表現出中國悠久的歷史和文化。入口迎向門廳的大牆面，以粗糙的灰白色大理石為底，鑲嵌各種天然礦石，好似宣紙潑墨而有立體光影般，似石刻浮雕，閃爍著天然結晶，似雲霧飄渺，雪峰皚皚，神似昆崙山的意境，給顧客有虛幻的美感。

小思考5.1

高級旅館頂樓的屋頂花園，備受顧客青睞，爲什麼？

答案：屋頂花園是現代旅館的設施之一，它不僅爲顧客提供優美、舒適的環境，而且爲顧客觀光、欣賞都市美景創造了極好的條件，如登上波特曼的屋頂花園，上海國際大都市的雄姿一目了然。由於高樓頂層花園具有中國古代樓閣建築的臨觀之美的功效，加上美好的環境， 所以倍受賓客青睞。

5.2 顧客對餐旅設施的審美心理

5.2.1 顧客對餐旅設施的審美心理

1.設施要完善

任何顧客都需要適合用餐的餐廳空間、飯店和其下榻的旅館能提供舒適、方便的設施。除標準客房和餐廳外，還設有購物、健身、娛樂場及方便商務的通訊、影印、會議等設施。顧客旅居在旅館內，任何事物感到方便，在心理上就會得到安慰，產生愉快、舒適的情緒，消除旅途的疲勞和種種不安。如果對於顧客之軟硬體設施，無法提供其滿足，便會感到很不方便，心理上則會產生懊悔、不滿的情緒，最後導致想趕緊離開的心理和行爲，這是任何餐旅顧客都不願發生的事。

旅館內都配有不同的設施，也具有不同的功能，最好都能滿足餐旅顧客舒適、方便的心理需求。

大廳應具有交通、服務、休息三種功能，是顧客產生第一印象的重要空間。大廳中的總服務台，應運用燈光、裝潢等手法使之明亮顯眼，引人注目，便於指引顧客辦理住宿手續。在大廳較僻靜的地區，應放置沙發等供休息用具，爲顧客提供會友、休息、社交的場所。

餐廳（宴會廳、風味廳、酒吧）是旅館的重要組成部分，除供應飲食外亦是顧客社交和消遣的場所。所以對餐廳的裝潢、擺設及氣氛的營造，應不容忽視。

一般而言，餐廳講求環境安靜、舒適。顧客在餐廳進餐，既是生理上的需要，也是心理上的要求。顧客在進餐時能得到休息舒解，並相互交流思想和情感。所以餐廳在旅館中的布局應以鬧中取靜爲佳；唯有安靜的環境，才談得上舒適感。另外論及餐桌的造型、結構，都需符合人體工程學的要求，才能讓顧客有極度的舒適感。

中式餐廳是旅館最具性格特徵的地方，利用朱紅的圓柱，雕花彩漆的宮燈，典雅挺秀的仿明式傢具，雕花屏風，才能創造出一個充滿喜氣的歡慶場面。顧客在品嚐名酒佳餚之際，還能領略中國傳統文物之美。

西式餐廳的設施和環境佈置，應從歐美的角度來考量。在光線方面應以柔和爲主，餐桌上可擺燭盞來增添用餐氣氛，搭配傢具，將歐洲風格完整呈現，營造出適於人們休息交談的寧靜氣氛。

宴會廳是旅館最主要的宴會場所，亦是重點裝飾的空間。可配以晶瑩華貴的燈具、均勻柔和的反射光，營造出輝煌碧麗的氣氛。宴會廳主牆面上，大都以壁畫裝飾，如中國上海旅館宴會廳

「嘉會堂」，大幅壁畫「華堂春曉」呈現漢代畫像的古樸風格，金底黑畫，閃閃發光，十分雍容華貴。壁畫正中描繪的唐代官員會見外國使節形象，取材於唐章懷太子墓室壁畫禮賓圖，揭示了我國自古即友誼之邦。七百二十平方米的大平頂飾以商周青銅器上鳳鳥走獸紋樣，呈現出博大、深沉、凝煉、莊重的華夏民族氣質，給人有富麗高貴、氣魄宏大的感受。

風味廳是呈現鮮明的地方特色的餐廳。如中國廣州花園酒店「荔灣亭」風味小食亭，入口處即以水鄉烏篷船的槳組成的隔斷，柱子上披掛著紅色的葫蘆酒幌，方形的八仙桌、長板凳和汽燈式風趣吊燈，在這裡人們品嚐著紹興「加飯酒」，吃著「五香豆」。這種以白描手法來表達出樸實無華、帶有濃郁江南水鄉格調的小吃亭，很容易讓人聯想到魯迅筆下的「咸亨酒店 」。中國北京燕翔飯店野味餐廳，通過四周古拙粗獷的仿原始崖畫風格的壁畫，描繪遠古時代先民狩獵情景，使整個餐廳野趣盎然。

酒吧，則是爲顧客提供娛樂和休息的地方。酒吧環境氣氛要求幽靜雅致，配有音響設備，燈光暗淡柔和，座位要求可以相互交談，爲顧客提供理想的休息空間。

客房是旅館的核心部分，也是旅館經濟收入的重要來源。旅館客房應具備有提供旅客消除疲勞、積蓄力量繼續工作的條件。其設施應講求齊全完備，色彩和採光度以柔和爲主，提供顧客一個具寧靜、舒適的休息空間。

旅館設施的完備，不僅僅於客房和餐廳，還包含有商務樓層、俱樂部及健身房等休閒設施，並且應定時予以整修維護。

2.餐旅設施要現代化

由於飯店旅館的設施現代化，服務品質佳，旅客更樂於使用消費，更會使旅客感到身心愉快，獲得享受。

近年來高層飯店的頂樓增設旋轉餐廳已蔚爲風潮，其往往設置於自然景觀極佳的地理位置，將大自然山水園林之美映入眼簾，使旅客在用餐，還能盡情欣賞城市風光，頓感心曠神怡。如登上中國上海遠洋旅館頂端的旋轉餐廳，黃浦江上百帆爭流的繁忙景象盡收眼底，使旅客感受到快節奏的上海都市生活。登上一九八八年落成的新錦江大酒店四十三層樓頂的藍天旋轉餐廳，可以飽覽上海全景，將全市所有的高樓大廈一覽無遺，感受到上海都市的雄姿。

飯店的標準客房之所以受人歡迎，一是基於價格適中，二是基於空調、電話、電視、地毯、衛生設備等現代化設施一應俱全。旅客生活在客房裡，猶如在自己家裡一樣，基本生活需求都能在客房中得到滿足，消除了旅客在外居住的孤獨和寂寞感。

5.2.2 改善設施，提高服務品質

1.增添設施，提高層次

餐旅業爲了提供顧客更好的服務，其不僅在管理面予以加強，並嚴格把關服務品質外，飯店內的設施亦是相當重要的。在選購各類設施時，應考量其質感，安全及適用性，並適時適度的增添新設備，以滿足顧客追求新鮮、精緻化具有質感的服務需求；另一方面，增添設施，增加服務項目，也能給企業帶來經濟效益。

精明的餐旅業都在不斷捕捉顧客經常變化的潛在需求。一九八○年代，一些大旅館的健身中心，爲顧客準備了慢跑路線圖。有的甚至設立健身舞蹈班。有些旅館則備有小型跳彈床和跳繩，供顧客能在房內健身。

進入一九九○年後，旅遊業不斷成長，旅遊的層次也不斷提高，過去「苦行僧」式的旅遊方式已被大多數人所拋棄，人們出

門遊山玩水時，也要追求旅行的舒適。所以價格較高的「標準型」、「豪華型」越來越受到歡迎，而價格較低的「經濟型」則相對受到冷落。現在已有銀行率先推出旅遊消費貸款，更爲旅遊的促成加把勁。所以，餐旅業面對旅遊潮不斷蓬勃發展的情勢，應當在設施方面更求完備，提供有質感、品質佳的旅遊餐旅服務，提高服務水準，以滿足旅遊者追求高品質的消費心理。

2.保持設施完好，提高服務品質

改善設施的一個重點即是加強管理，定時維修，保持設施的完好，使旅館的一切設施保持在正常安全地爲旅客服務的狀態。

首先，要保持設施清潔衛生，特別是客房設施的清潔衛生。

其次，要保持設施功能的完好。設施功能完好，才能爲旅客服務，滿足旅客飲食生活的各種需要，若徒有齊全的設施，卻不能使用，則會使顧客產生懊惱不快的情緒。

再者，要保持設施的牢固可靠，使旅客有安全感。旅館要落實安全防範措施，對設施要經常檢查維修，以防年久脫落造成隱患。上海靜安希爾頓旅館幾年前發生一件罕見的事故，應引以爲戒。那年四月，一名六歲女孩隨她父母去靜安希爾頓旅館底層咖啡廳內品飲休息，不幸被牆上脫鉤墜落的鏡框砸中頭部，造成腦震盪，頭部軟組織挫傷。住院至八月，由於賠償數額交涉不成，引起糾紛，最後訴諸法律，法院判定旅館賠款數萬元才得以了結。

綜上所述，餐廳、旅館環境幽靜、美麗，設施完善，現代化程度高，才能使顧客感到舒服方便，特別是近幾年大量興建的休閒渡假村更要配合健身、娛樂的設施，以滿足顧客休閒的心理需求。渡假村坐落在風景區或靠近風景區，環境優美，再加上齊全的休閒設施——保齡球、桌球、棋牌室、歌舞廳、游泳池等，以滿足顧客休閒的各種需要，使顧客的心理得到調適及舒解。

小思考5.2

旅館的設施是否層次越高、價錢越貴越好？為什麼？

答案：旅館的設施追求的是完善、功能完好，適應顧客的心理需要，為顧客服務，並非層次越高越好。一些鄉村式旅館飯店，簡樸的設施，反而能創造一種古樸美，滿足顧客的寧靜簡樸的心理需求。

案例分析

袖珍旅館

德國安堡有座名叫「結婚小屋」的旅館，它只有五層樓，每層一間房，二米多寬，三米長，只對夫婦開放。「結婚小屋」建於一七二八年，當時的法律規定，男女必須有房子方能結婚。這家袖珍旅館，佈置得充滿溫馨和浪漫，一晚的費用為九十英鎊（約一千二百多元人民幣）。由於「結婚小屋」遐邇聞名，許多新婚夫妻慕名而來。

思考題：

1.為什麼「袖珍旅館」會有如此的效應？

關鍵概念與名詞

顧客對餐旅環境的審美心理	顧客對室內環境的審美心理
庭園綠化	主題裝修
意境開拓	顧客對餐旅設施的審美心理

本章摘要

飯店的環境優美與否，設施是否完善是影響旅館、飯店效益的重要因素。因此，飯店的經營者與管理人員都必須研究顧客不斷求變的審美心理，愼重選擇飯店的地理位置、進行室內環境的佈置，改善設施。

飯店的環境包括室外環境和室內環境。室外環境主要是地理問題和建築造型問題。飯店應根據自己主要服務方向選擇相應的地理位置；根據顧客對建築造型的心理審美需求，採取獨特的造型方法，形成自己的特色。顧客最關心的是室內環境，因爲顧客的大部分時間都在室內渡過。顧客對室內環境的基本要求是整潔、安靜、安全和舒適。

在滿足顧客對環境的基本要求之後還要不斷改善環境。改善室內外環境的主要方面有庭園綠化、主題裝修和開拓意境等。

飯店的設施即硬體建設。顧客對飯店的基本心理需求是設施要完善。旅館各部分的設施要能爲顧客的生活、工作、娛樂提供方便。設施現代化，就是通過現代化裝飾改善設施，提高企業等級，加上一流服務，以滿足不斷變化、不斷提高的顧客心理需求，讓他們獲得更高層次的享受，同時也提昇了企業的經濟效益。

練習題

5.1 各種顧客對旅館的地理位置選擇有什麼不同的審美心理？
5.2 旅館的建築造型對顧客產生什麼樣的心理影響？
5.3 顧客對旅館室內環境和佈置有什麼心理需求？
5.4 如何改善環境，美化環境，滿足旅客的審美心理需求？
5.5 顧客對旅館設施的心理需求是什麼？
5.6 如何改善旅館設施，提高服務品質，給顧客以最大的心理滿足？

習題

5.1 旅館、飯店已建造完畢且已營業，如何彌補自己不足，以滿足不同顧客對旅館地理位置選擇的心理需求？
5.2 旅館在裝修時應如何考慮餐廳、客房等各部分的色彩以與其功能相協調？
5.3 如何滿足顧客對音響的心理需求？
5.4 怎樣進行主題裝修以滿足顧客特殊心理需求？
5.5 中西式餐廳的設施和裝飾應呈現何種風格以滿足顧客的心理需求？

第6章

餐旅業者的良好心理特質及能力

學習目標

學習目標

> 1.瞭解餐旅業者應該具備的心理特質及培養的途徑。
> 2.掌握餐旅業者應該具備的主要能力及訓練的方法，提高管理能力、業務能力和服務技巧。

前幾章我們已經著重討論了餐旅顧客個體和群體的心理特點和需求。餐旅業的經理人、管理人員和服務人員瞭解了這些特點和需求，就要加以適應和滿足。只有不斷提高管理能力、業務能力和服務技巧，才能做到這一點。任何一個服務業的從業人員都要具備良好的素質、能力和服務技巧。本書只從一般餐旅業者應具備的心理特質和服務能力兩個側面加以討論和闡述。

6.1 餐旅業者的良好心理特質

餐旅業可說是服務業的主要產業之一，它的發展和工作品質的提高，主要依靠全體從業人員的努力。餐旅業的本質特點是它向餐旅顧客提供高品質的服務，以此贏得較高的經濟效益和社會效益。餐旅從業人員的心理特質對實現這一目的是至關重要的。

6.1.1 餐旅業者應樹立正確的角色認知

正確的角色認知是正確認識自己工作的性質、任務和要求的前提，有了正確的角色認知才能嚴格要求自己培養從事餐旅服務與管理工作應該具備的良好心理特質和能力，並在實踐中不斷提高。餐旅業者的良好心理特質主要有下列幾個方面。

1.要有正確的工作動機

餐旅工作就是侍候人的服務工作，服務人員的地位並沒有低人一等。服務要使「貴賓」── 餐旅顧客滿意，要把顧客的滿意當成自己工作的動機，不能因為個別顧客的態度好壞影響自己服務的態度和品質。有了這個正確的動機，才會努力學習，不斷提高自己的心理特質和工作能力，才會能適切地處理自己與顧客、與主管、與同事的關係。

2.要努力培養專業興趣

人不是天生就對服務工作感興趣的。在我國，社會上鄙視服務工作、對服務工作有誤解的比比皆是。加上目前台灣採取的考試制度，不見得使每位考生都能依自己的性向，投入相關的科系。因此，要從事餐旅業的工作，最好在學校，就要開始努力培養自己的興趣（包括直接興趣和間接興趣），有了興趣，才能熱愛這個工作。興趣才是最好的老師，有了興趣才會主動學習、有鑽研精神，加強服務技能。

3.要有創造性的思維

餐旅服務工作，會碰到的情況複雜多變，各餐旅顧客的個性及需要皆因人而異，餐旅業者面對的是各式各樣的客人，必須有創造性的思維才能把工作做好。如果只是按照工作規範墨守成規，不能根據不同客人的個性特點和特殊要求靈活應變，便不能使顧客滿意。那些輕視服務工作，認為服務工作不需要什麼學問的人，如果多當幾回餐旅顧客，他就會改變態度的。起碼，在瞭解客人心理，溝通協調方面，服務工作需要的創造性並不亞於各種藝術家，由此可知，服務也是一門很高深的學問。

4.要有主動關心人的態度

服務的前提是尊重顧客，關心顧客，瞭解顧客，主動地替顧客著想，在顧客提出需要之前就送上服務。所以，餐旅業的從業人員，不論是經理人、管理人員還是服務人員，都要具備主動關心顧客，把顧客當成自己的親人，主動爲他們服務的心理特質。過去有人講「顧客是企業的衣食父母」。給「衣食 」是父母，不給衣食，給少了，給得不滿意豈不就可以不把顧客當「父母」了？有些顧客發出「不敢當貴賓」的感慨，就是有些服務人員「一分錢一分服務」甚至「不給錢不服務」的錯誤作法導致的結果。

5.要有熱情開朗的性格

從心理學角度說，那些具有冷漠、嫉妒、自私、粗俗、貪婪、虛僞等性格特徵的人，甚至過分理智的人都是不適合從事服務業。而具有正直、熱情、開朗、幽默等等性格特徵，自己總是有快樂的心情，對別人很友善、願意爲別人提供方便的人比較適合。但一個人的性格往往是多種特徵的綜合，如一些熱情的人也很貪婪、虛僞等等。企業經理人和管理人員也很難一下子選用性格十分合適的服務人員。有天生良好性格的人可以通過學習、訓練；天生性格不太好的人靠後天的學習、培養和鍛鍊也可以形成好的性格。

6.1.2 良好心理特質的培養

心理特質有遺傳因素的影響。看不出遺傳對每個人心理特質是如何形成也是不利於良好心理特質的培養。有較好遺傳因素的影響，在良好心理特質的培養上則能較快且容易，反之則較慢且困難。但後天的學習、教育、自我鍛鍊是主要的影響因素。

1.從小就開始培養良好的心理特質

鑒於心理特質有遺傳因素的影響，所以良好心理特質的培養開始得越早越好。這一點已經引起廣大教育工作者和家庭的重視。孩子儘早上托兒所、幼稚園，有利於減少或淡化遺傳的影響、父母的影響，有利於良好特質的養成。實際證明：上托兒所的孩子，心理特質一般都比純由家庭撫養的孩子好一些，念過幼稚園的兒童的心理特質（包括其他特質、能力）一般比同齡其他兒童好。

2.在團隊中磨練、薰陶

一個健康、優良的團隊對個人的影響（或約束），對良好素質的養成是有很大的作用。古人說「近朱者赤，近墨者黑」就是這個道理。學校重視班風、校風；工廠、企業重視企業文化；黨派重視黨格等等，都是重視團隊對個人特質影響的例證， 也是培養個人良好心理特質的重要措施。一個人在團隊中會有「從眾心理」，學習團隊中好的特質，好的風氣；也會受到團體的「壓力」，從而約束自己不良的心態或需求，逐步得到磨練和薰陶，使自己迅速成長。

3.重視自我修養和反省

古人講「慎獨」、講「吾日三省吾身」，從心理學角度看，是很有道理的。其實，培養良好心理特質，根本問題還是在於自己。外在因素是起源於內在因素而引起作用的，心理特質尤其如此。所以，個人學習社會文化、科學知識，欣賞文學、藝術作品，陶冶自己的情操，不斷地「自我薰陶」才是最有效的培養良好心理特質的途徑。

小思考6.1

「孟母三遷」和當前父母幫孩子選擇名校的做法對嗎？爲什麼？

答案：對的。因爲他們重視環境和團體對個人良好特質培養所起的作用。

6.2 餐旅業者的能力

能力是人的心理特徵之一，是一個人順利完成某種活動或工作的重要條件。能力是先天的特質之一，但能力的發展主要依靠人的社會活動，依靠自己的學習和鍛鍊，依靠對相關知識和技能的掌握。本節主要討論餐旅業者跟服務工作關係比較密切的觀察力、注意力、記憶力、應變能力和情感的自我控制與調適。

6.2.1 觀察力和察言觀色

1.觀察力的概念

觀察力即觀察的能力。觀察力是人類重要心理活動和行爲之一，觀察是一種有目的、有計畫的知覺。

觀察力是可以通過學習、練習加以培養並逐步提高的。學習相關的知識和技術是培養和提高觀察力的前提。餐旅業者要主動且有計畫地培養觀察力。如在餐廳工作的服務人員要學習服務技巧及烹飪知識。對烹飪原料的產地、品質，烹飪的火候和色香味有基本的瞭解。然後對不同餐旅顧客進行觀察，瞭解他們的特殊需求，才能主動服務，使顧客得到滿足。

2.觀察時的注意事項

(1) 觀察要從細微處入手

古代餐館裡的「跑堂」，一看客人，一聽口音，就知道他是哪裡人，喜歡吃什麼樣的食品。例如，進來兩位客人，一看打扮，經商的；一聽口音，山西人。 馬上主動帶座：「就您二位？吃刀削麵？多放醋？」看到一位老先生帶個孩子，本地口音，立刻上前招呼：「您好，帶孫子還是外孫？您來碗麵，湯多點，麵軟一些；小少爺來一客小籠包外加一碗小餛飩？」由於這個服務人員觀察細微，服務熱情、周到，顧客就會感到親切、滿意 。

(2) 觀察要客觀且全面性

觀察不能太主觀，也就是不能看到一鱗半爪，就以偏概全。要在全面觀察的基礎上，加以分析、概括，才能得出正確的結論。如一個導遊只看到一路上兩個青年男女談得很投機，男的對女的處處關照，就把他們當成情侶或夫妻，這樣會鬧出笑話。

3.如何培養觀察力，特別是察言觀色的能力

觀察客人的穿著打扮。從穿著打扮上，一般可以分辨出客人的民族、國家、社會階層和職業：美國人穿著隨便、瀟洒；英國人穿著整齊、做工考究；阿拉伯人穿白袍戴白頭巾；蒙古族、藏族愛穿長袍、皮靴；商人往往注意髮型、皮膚保養、大腹便便；知識分子往往戴近視眼鏡、穿深色服裝等等。當然，不能一概而論，還要結合其他情況一起考慮，才能做到正確無誤。否則就會犯了「以貌取人」的錯誤。

觀察顧客的體型、膚色、面部輪廓，以確定他們的民族、國籍、飲食和生活習慣。例如，南方人比較瘦小，北方人比較高大；從膚色、語言可以知道黑人、日本人還是華僑；從面部輪廓可以知道是東方人還是西方人等等。

觀察顧客的表情、動作以確定其性格、職業、情緒特點。

傾聽顧客講話的速度、「語言」、口音以及表達方法，都能進一步確定他們的身份、習慣、愛好及需求。

觀察餐旅顧客的生活習慣，以瞭解他們的民族、國籍、籍貫和需求。

多進行比較。一要比較不同國籍、民族、年齡、性別的人對某一具體需求的不同點，如他們對茶、酒和飲料的選擇等；二要比較觀察過的人事物的特點，這有助於培養觀察的速度和效率；三要比較不同顧客表達同一情感和需求時的細微差別，表示滿意時，知識分子往往點頭微笑、女士往往只是微微一笑，一般人會說好，性格豪爽外露的人會拍手稱許等等；第四，還可以幾個人一起觀察後互相比較，最好與資深或較有經驗的人討論及學習，學習他門觀察顧客的竅門。

6.2.2 培養注意的能力

1.注意的概念和分類

注意是心理活動對特定對象的指定和集中。注意是一切心理活動的開端。注意的指定是有選擇性地指向特定的對象；注意的集中則是指人的心理活動集中在某特定的對象上，對其他對象暫時「視而不見」的狀態。人的注意高度集中時會出現側耳細聽、舉目凝視 、呆視遠方甚至目瞪口呆等現象。

注意分無心注意和有心注意兩種。無心注意是自發的、事先沒有預定目的、也不需要作任何努力的。如餐廳裡突然筐啷一聲酒杯打破的聲音及汽車輪胎突然爆炸引起的注意等。有心注意是一種自覺的、有目的的，需要作一定努力的注意。例如，餐廳裡人聲嘈雜，服務人員要眼觀四面、耳聽八方，高度注意顧客的一言一行、一舉一動，隨時作出反應，給予周到、主動的服務。

2.如何培養注意

（1）首先要認識對注意力的重要性。做任何事都需要較長時間集中注意力，學習是如此，餐廳服務、導遊服務皆是如此。

（2）結合工作需要，從自己有興趣的專業工作入手。對不感興趣的事是很難集中注意力的。

（3）培養注意力，要在穩定性上下功夫。要主動排除干擾，使自己「專注」於需要關心的事物。例如，舒伯特在嘈雜的咖啡館裡寫成名曲《雲雀》就是很好的例證。

（4）訓練「眼觀六路、耳聽八方」的能力。餐旅工作較爲特殊，它需要服務人員在提高注意力的同時，還要擴大注意的範圍，要同時注意各種人、各種事。這種「眼觀六路、耳聽八方」的能力必須在實行中訓練培養，才能收到成效。

（5）培養合理分配注意的能力：在擴大注意範圍的時候，不能平均地把注意力指向多種對象和活動上。當人們同時注意兩種或兩種以上的事物時，必須其中一種動作已經是十分熟練，達到「自動化」的程度。例如，一些女性一邊打毛衣一邊跟人談話，因爲她打毛線已十分熟練，幾乎用不著看。餐廳服務人員上酒菜時，只有技術已十分熟練，才能同時回答客人的問題或注意周圍客人走動的情況。

6.2.3 培養記憶的能力

良好的記憶力是學習工作的需要，是可以培養的。

1.增強提高記憶力的信心

對於餐旅業者來說，記憶力強是很重要的業務能力。管理人員要熟記有關的方針政策，要記住下屬的姓名、個人經歷、愛好、性格、家庭情況等等（這在員工流動率十分頻繁的餐旅業來說，確實是不容易的）；導遊要熟記外語、各地名勝古蹟、風土人情、歷史典故、民間傳說、客人特點等等；櫃台和客房服務員要會兩國外語以上，要熟記本店的各種服務設施、到各地的航班車次，甚至要記住每個房間的客人姓名等等；餐廳服務人員要記住各種菜的中外名稱、特色、製作情況、有關典故，要記住每位客人點菜的內容、特殊要求等等。所有這些，沒有良好的記憶力是無法達成的。

2.充分利用記憶的黃金時間

心理學研究顯示：早晨起床後一小時左右，上午八點到十點，傍晚六點到八點，晚上臨睡前一小時左右是一天中四個記憶的黃金時間。剛起來時，沒有記憶干擾，睡覺前，沒有後顧之憂，都比較容易記憶，傍晚六點到八點是記憶的最佳時間。當然， 這是一般規律，各人的情況不完全一樣，但每天都有一段記憶的「黃金時間」，這是肯定的。每人要充分利用自己記憶的黃金時間，記憶有用的知識、技能，持之以恆，才能不斷提高自己的記憶能力。

3.使用適合的記憶方法

根據記憶的規律和專家的研究，總結了很多行之有效的記憶方法，常用而效果較好的有下列五種：

(1) 趣味記憶法

對自己有興趣的事，較容易記住、且不容易忘掉。根據這個特點，把難記的外文單字、人名、地名、歷史年代等跟有趣的事聯繫起來，就容易記住，不容易忘記。

(2) 押韻記憶法

典型的例子是「三字經」和「百家姓」，作者把歷史、姓氏知識編成押韻順口的句子，讀過的人都感到朗朗上口，很容易記住。

(3) 聯想記憶法

根據本書前面講過的幾種聯想，記憶時有意識地設計一些聯想幫助記憶。如記成語可以把相關成語放在一起記憶：朝思暮想、朝令夕改、朝三暮四、朝秦暮楚…又如把一些與人名典故有關的菜餚一起記憶：麻婆豆腐、東坡肉、宮保雞丁、叫化雞等等。這種方法不但記得多，而且記得快，記憶起來也容易。

(4) 特徵記憶法

在記人物和菜餚時，可以注意特徵，也有助於記憶。如記菜餚時從其色、香、形狀特徵入手，就很容易記住「松鼠黃魚」、「鳳尾大蝦」、「三絲魚卷」、「蟹粉獅子頭」等等。

(5) 多種感官並用記憶法

實驗結果顯示：記憶時，如能眼看、口念、手寫、耳聽、腦記並用，效果比默讀記憶或單純朗讀記憶好得多。這種方法由於多種感官同時活動，在大腦中同時形成多種刺激和聯繫，從而留下深刻的印象。

6.2.4 情感的自我控制和調適

情感是人對客觀外界事物態度的體驗。人的七情六欲中的七情（喜、怒、哀、懼、愛、惡、欲）即是人對外界事物刺激的直接或間接的某種態度的反應。情感是個人主觀的體驗，所以主觀色彩強烈。同樣一件事，有人高興有人憂，有人痛苦有人怒，有人無動於衷，有人幸災樂禍…。人的內心的情感透過其面部表情、身體語言、言語（包括歌唱）等在外部表現出來，即是情緒。

情感是豐富的，情緒的表現形式也是各式各樣的。什麼樣的情感需要自我控制，也會因人、因事、因環境的不同而不同。餐旅心理學研究的主要是餐旅業者的「控制情緒」和調適情緒，使自己在工作中、面對顧客時始終能輕鬆愉快、熱情洋溢。

1.要控制情緒

(1) 為什麼要控制情緒

在餐旅服務中，管理人員和服務人員對顧客發怒是最要不得的，是服務之「大忌」。發怒會影響管理效果，大大降低服務品質，甚至造成事故，帶來不可挽回的損失。

一個人發怒，具體原因有很多種，但不外乎客觀和主觀兩方面。客觀原因有來自狹小的工作環境、悶熱的天氣、擁擠的人群、陳舊的設施、破損的工具等造成的心理疲勞和身體疲勞，有來自顧客無禮或過分的要求、挑剔等等；主觀原因有來自個人身體或精神的疾病，有來自家庭、朋友、同事間的不愉快。發怒對自己的健康、對工作、對顧客都沒有任何好處，因此控制情緒減少發怒的刺激、抑制或降低發怒的激烈程度，是十分必要的。

(2) 如何控制情緒

控制情緒，最根本的辦法是加強道德修養，提高內心的涵養，培養堅強意志。一旦受到刺激要發怒或已經發怒，如何才能降低其激烈程度呢？下面提出的幾種方法可供參考。

轉移注意法。當自己要發怒時，應迅速轉移自己的注意力，例如，抓取冰塊、咬一片口香糖、 酸果或刺激性較強的其他食品。有些自知容易發怒的管理者和服務人員在自己口袋裡放一塊刻有「控制情緒」二字的石塊或玉片，一旦發怒，就會下意識地伸手進袋、緊握石塊或玉片。電影《林則徐》中有一個鏡頭：林則徐對一些官僚的賣國行爲大光其火，憤怒地摔碎了茶杯。一轉臉見到自己手書的「控制情緒」横匾，立即克制住自己的怒氣。

躲避刺激法。要發怒時，迅速離開發怒的環境或對象。自制力強的，可以自己離開，到另一個房間或去做其他事情。自制力弱的，可以事先關照同事和朋友：發現自己要發怒時，迅速找個藉口（例如，接電話、有重要訪客等），使自己迅速與刺激「斷電」。

照鏡子控制法。一個人發怒時，往往臉紅脖子粗，眼如銅鈴、口鼻歪斜，形象難看。若於此時照照鏡子，看到自己發怒時的「尊容」，也會嚇一跳，從而迅速控制自己的怒氣。餐旅從業人員經常在上衣口袋裡放一個小鏡子，一來可以隨時檢查自己的儀容，二來還可以用來控制情緒。我國明、清時代的人很講究「心氣平靜」，在居室中堂的正中條桌上都要放置鏡子和花瓶（參觀明、清民居時可以看到），一來表示平靜安寧的願望，二來也可以有隨時自我監察的作用。

理智控制法。平時做什麼事以前，先想後果，習慣成自然。發怒前或發怒時想想可能產生的後果，常常警戒自己、不發怒或降低發怒的程度。

2.要學會調適情緒，保持輕鬆愉快的心境

一個人心情輕鬆愉快，工作就會積極主動。但情感和情緒的調適，保持良好的心境，卻不是一朝一夕能夠做到的，要經過長時間甚至一輩子的修養和鍛鍊：

學習古今中外優秀的文化藝術作品，提高文化、道德修養、美感能力，使自己具有高尚的情操。餐旅業者要善於感受自己工作環境的文化氣息、藝術氣氛，學習餐旅文學和餐旅美學，從而逐步養成對客人一團和氣、面帶微笑的功夫。「和氣生財」，做生意要賺大錢， 只有這個道理。

調節工作環境的溫度、濕度，呼吸新鮮空氣，保持良好心境。這樣做，既是客人需要的 ，也是業者需要的。室內溫度在攝氏25度時，人感到最舒服，心情最愉快，工作也最起勁。有中央空調的飯店或長時間開空調的房間，空氣往往不新鮮，使人頭昏腦脹。要注意調節空氣或定時到室外活動一下。

工作、生活的環境以淡雅爲好，避免大紅大紫等刺激性的色彩裝潢（特殊場合如歌舞廳等不在此列）。室內佈置要清新、恬靜，要點綴一些綠色的花卉，留出較爲寬敞的空間。

養成有規律的生活習慣。餐旅業者除工作需要外，要按時作息，保證充足睡眠；不吸煙、不飲酒、不賭博、不吃刺激性強的食品；不迷戀上網遊戲；使自己常保清雅、閒適的心境。

建立美好的婚姻和家庭。美好的婚姻和家庭對一個人的情感和情緒的影響是很大的。對於從事任何一種職業的人來說，美滿的婚姻和家庭，都是工作熱情和活力的泉源，對餐旅業者也是如此。

小思考6.2

除上述五種記憶方法外，還有哪些記憶的方法？

答案：還有列表對比記憶法、自編提綱記憶法、爭論記憶法、分散難點記憶法。

案例分析

近年來，大陸沿海大都市改革開放的力度進一步加大，餐旅業發展日新月異。四星級以上旅館飯店逐年增加，超大型的豪華賓館如東方明珠大酒店、國際會展中心大酒店、金貿大廈大酒店等等拔地而起，旅行社也一下子發展到數百家，由此帶來的行銷大戰幾乎到了白熱化程度。由於各大酒店的硬體設施都是一流的，各酒店老總們就打起了人才戰：有的以15～20萬年薪聘請行銷經理，有的到處挖各級管理人才…。A酒店的老總既瞄準人才市場，看到合適的就不惜重薪聘請，但他又注意對現有人才的培訓。一年來，該酒店幾乎不間斷地舉辦了各級各類人才的培訓：對部門經理以上的管理人員開了「領導科學」講座、「行銷策略」研討班；還請了一些專家針對員工素質講授餐旅文學與美學、公關與人際關係、餐旅心理學知識等等，每次講課後都舉行小測驗，所以大家聽得十分認眞；每季還舉行烹飪技藝、餐廳服務、客房服務的操作比賽，搞得熱火朝天。員工素質、能力很快得到提高，凝聚力也大大增強，人員流動率大大低於其他酒店。

隨著經濟大環境的好轉，客源逐月增加，整個行業人員素質、能力不相適應的矛盾再次尖銳起來，新的一輪人才戰又開始了。A酒店卻以優質的服務、穩定的客源帶來了高效益。

思考題：A酒店老總的做法是不是比單純靠引進人才、挖人才好？爲什麼？

提示：思考時不但要把A酒店老總的做法和其他酒店的做法進行比較，而且要站得更高一 些，從整個行業的發展及服務水準的提高來看待這個問題。

關鍵概念與名詞

餐旅業者的角色認知	良好心理特質的培養
餐旅業者的能力	觀察力
培養觀察力	注意
有心注意能力的培養	培養記憶的能力
記憶方法	控制情緒
情感調適	

本章摘要

1.從本書的內容和使用對象來說，本章是關鍵性的一章。是前幾章對餐旅顧客心理（含個體心理和群體心理）的探討轉爲餐旅顧客服務心理（含餐廳服務、前檯服務、客房服務、商務服務、休閒服務等）過渡的一章。本章著重討論的問題就是主體——餐旅從業人員要能向顧客提供優質的服務，本身應具備哪些良好的心理特質和能力，以及這些心理特質和能力要如何培養。

2.餐旅業者要樹立正確的角色認知，瞭解自己所從事的服務工作的重要性及應該具備的心理特質和能力，並能積極地去培養。

3.餐旅業者一般應具有下列一些心理特質：要有正確的工作動機；要努力培養專業興趣；要有主動關心人的態度；要有熱情開朗的性格。這些良好的心理特質要從小就開始培養；在團體中磨練、薰陶；重視自我修養和反省。

4.餐旅業者的能力中跟服務工作關係比較密切的主要有觀察力、

注意力、記憶力、應變力和自我控制與調適情感的能力。這些能力的培養都有不同的要求和方法，應一一牢記。

練習題

6.1 餐旅業者應具備哪些良好的心理特質？
6.2 餐旅業者應具備哪些重要的能力？
6.3 觀察時應注意些什麼？
6.4 什麼是注意？
6.5 餐旅業者如何培養記憶的能力？
6.6 爲什麼要控制情緒？

習題

6.1 餐旅業者怎樣培養良好的心理特質？
6.2 什麼是觀察力？
6.3 如何培養察言觀色的能力？
6.4 如何培養有心注意的能力？
6.5 常見的記憶的方法有哪些？
6.6 控制情緒有哪些方法？
6.7 如何調適自己的情緒，保持輕鬆愉快的心境？

第7章

餐旅管理心理

學習目標

7.1 經理人特質及經營團體的合理結構

7.2 經理人應瞭解員工的心理特點

7.3 員工的心理挫折及積極性的激發

案例分析

關鍵概念與名詞

本章摘要

練習題

習題

學習目標

1.瞭解餐旅業經理人應具備的特質和群體結構。
2.瞭解員工的心理特點，員工易在哪些方面產生挫折。
3.瞭解和掌握員工調度的方法。

7.1 經理人特質及經營團體的合理結構

7.1.1 經理人特質

1.經理人特質的內容

經理人特質是指作爲餐旅業的經營者應當具備的基本特質和條件，包括：思想、品德、知識、能力特質、心理特質和身體情況等。

(1) 思想品德特質

思想品德是經理人的首要特質，主要包括：思想理念、行事風格、公司紀律、法制觀念及道德品質等內容。

行事風格：要具有強烈的敬業精神。能夠盡職盡責，任勞任怨。要敢於創新，善於開拓進取，知難而進。行事風格要民主，善於聽取他人意見。能鼓動員工的工作熱忱，發揮員工最大之工作效率。

思想理念：要具創新力，思維敏銳，不僵化保守，能根據變化無常的市場需求調整自己企業的經營方針、策略和工作方法。

嚴於律己，寬以待人，善於團結同事，求大同，存小異。爲人光明磊落，正直、誠懇。富有自我犧牲精神，能夠吃苦在前，享受在後。

公司紀律：要以身作則，遵守紀律，堅持公司原則，嚴守企業機密。

法制觀念：要知法守法，具有強烈的法律意識，堅持合法經營，依法納稅，善於運用法律保護本企業的合法權益。

(2) **知識**

專業理論知識：任何一項專業都有其特性，一個現代餐旅業的經理人要具備與餐旅業經營管理活動直接相關的知識。作爲一個經理人，其專業理論知識精通程度，往往跟他的工作業績成正比。

管理科學知識：管理是經營企業的一項重要技能。經理人有豐富的現代管理科學知識，就能夠摒棄傳統的管理模式，運用現代管理技術，充分發揮企業的各種優勢，充分提昇員工的工作熱忱，提高管理效率，完成工作目標。

社會知識：市場經濟條件下，餐旅業經理人所面對的社會如同一個上下交錯、縱橫貫通的交通網，涉及範圍十分廣泛。「世事洞明皆學問，人情練達即文章」，應該是對社會知識形象的概括。經理人社會知識豐富，就能有效地從經驗中獲取教訓，妥善處理各種問題。

(3) **能力特質**

經理人能否勝任管理工作，主要取決於經理人的能力特質。

豐富的想像力和科學思考能力：餐旅業競爭十分激烈。如果墨守成規，一味跟在別人後面，企業很難經營的成功。有的餐廳門前車水馬龍，熱鬧非凡，而有的餐廳門前卻冷冷清清，門可羅雀。只有不斷創新，開拓經營，才能促進企業的發展。這就需要經理人要有豐富的想像力，根據市場變化及時提出新觀念、新方案或新方法，敢於走在行業的前端，順應時代潮流。當然，這種想像必須要建立在科學思考的基礎上，不能是異想天開。這就要求經理人還要有科學的思考能力（良好的邏輯思維能力和科學的判斷分析能力），能夠以戰略性的眼光，加上科學的判斷分析，準確推測和預測事物發展趨勢和結局，使想像更加合理、周密且是可行的。

高超的策劃和決策能力：餐旅業的生存與發展，需要經理人根據市場變化，充分發揮專業人員及全體員工的作用，作出短期或長期規劃方案。並運用決策手段，確定未來一定期間內擬達到的目標。為使策劃得當，經理人需具有遠見卓識，善於發揮團隊智慧，集思廣益，經過綜合分析、判斷，決策最佳方案。為達到好的決策效果，經理人還需有有堅強意志，能當機立斷，千萬不能猶豫不決，錯失良機，使本來可能成為的優勢變成劣勢。

有效的組織和實施能力：為實現目標，經理人要進行有效地組織並付諸實施。再加上適切的指揮、協調，把所有部門、全體員工配合的很好，將企業自身生產、經營能力、技術、資源優勢結合起來 。如同一個交響樂團，在樂隊指揮的巧妙指揮和合理調度下，各司其職，各盡其能，才能演奏出美妙動聽的音樂。

較強的社會活動能力和宣傳鼓動能力：一般情況下，一些影響企業發展的重大決策，如同一項系統工程，離不開企業內外力量的廣泛支持。經理人應該具有謙虛、熱情、對人尊敬、信任、禮貌、平等、誠實等特質，並有較強的社會活動能力和公關能力，善於為人處事、待人接物、適應環境，從而建立良好的人際關係及企業與其他有關部門的關係。經理人還應具備宣傳能力。

若具有豐富的知識，說話就會較有可信度，易於讓人折服；經理人表達能力強，說話生動感人，富於邏輯性，就容易產生較大的吸引力和號召力；且要平等待人，言而有信，就容易讓人們信賴。實際上，宣傳能力是經理人帶領員工一起實現工作目標的重要手段和方法。

良好的自我控制能力：經理人由於身居要職，其行爲有著較強的影響力，並能對員工的心理和行爲產生較大的影響。這種現象就如同石子投入水中，所產生的影響不單單是石子擊中水面的一個點，而會激起一圈圈波紋，向四周擴散，石子愈大，向四周的擴散力愈強。應用這個道理，經理人職位愈高，知名度愈大，他的言行產生的影響力也就愈強。經理人的自我控制能力，實則是其管理能力的一個重要表現。要努力控制情緒和調適情緒，進退有度；語言行動張弛有節，勝時不驕傲，敗時不消沉；不偏激，不盲從；善於激發員工的積極性。有時候，爲實現某一特定目標，經理人要善用自己的情緒，對於穩定員工情緒或鼓舞士氣，會有非常重要的作用。

(4) **心理特質**

經理人的心理特質是指經理人除了具有高於一般人的智商外，還應具備獨特的個性特徵。

經理人的個性傾向：經理人的個性傾向，主要包括：需要、動機、興趣、理想、信念和世界觀等。餐旅業接觸面廣，社會環境複雜，作爲經理人應特別具有自我實現的強烈需求，要有強烈的事業心與成就動機，同時要有廣泛而穩定的興趣，有明確而高尚的理想、信念及有科學的世界觀等。

經理人的性格特徵：良好的性格是經理人成功的重要條件。作爲經理人應具備的性格特徵主要有：團結、合作、寬容與諒解；誠實、正直與公義；獨立、主動、創造與敢冒風險；勤奮、努力與刻苦上進；勇敢、毅力與恆心；勤勞、忠誠與負責等。

經理人的情緒和意志：餐旅業面對的顧客形形色色、五花八門，個人的需求及個性懸殊很大，各種不愉快的事情時有發生。因此，餐旅業經理人能經常保持穩定而樂觀的情緒，以平靜的心態處理各種問題。情緒急躁、變化無常，不僅會影響經理人的工作效率，也常常會帶來不良的管理效果。所以經理人應有良好的情緒狀態，並善於「控制情緒」與調適情感。

餐旅業經理人在工作中常會遇到各種矛盾與困難，優柔寡斷、畏難退縮是不能成功的。所以經理人要有堅強的意志，作決策時要能堅決果斷。

除上述幾方面外，經理人還要有良好的健康情況。

2.經理人特質的自我提高

管理心理學研究結果顯示：經理人良好的特質，跟生理條件有一定的關係，但其形成和提高的根本途徑，還在於系統的學習、實際工作的鍛鍊及有目的的自我訓練。

(1) 通過系統的學習

不斷進行理論方面的學習。系統地學習管理學方面的專業知識，可以拓寬視野，有效剔除非理性成分；及時地學習、瞭解管理學方面的最新成果，作爲決策的參考。

(2) 在實際工作中加强鍛鍊

實行是最好的老師。經理人要善於在實際工作中充分發揮內在的積極的心理特徵，不斷豐富自己的知識。廣泛進行探索，累積經驗、汲取教訓，加強管理能力，不斷改進自己的工作。

(3) 有目的的自我訓練

提高經理人的特質也是個學習、鍛鍊的過程，也是個自我訓練的過程。經理人要善於發現自己的缺點或不足，並及時改正。反覆在實際中磨練，提高自己的管理能力。

小思考7.1

你認爲下列特徵分別屬於經理人哪些方面的特質：

1.勇敢與勤奮

2.善於決策

3.興趣高雅

4.通曉古今

5.爲人正派

答案：

1.心理品質

2.能力素質

3.心理品質

4.知識水平

5.思想品德素質

7.1.2 經營團隊的合理結構

在餐旅業內部，經營團隊的良劣，對企業的生存與發展，有非常重要的作用。就經營團隊的組成成員而言，人們總希望他們個個能力非凡，盡是「全才」。但這卻是不大可能的，一個人的精力畢竟有限，往往術有所長、業有專攻，大多是某一方面的「專才」。「專才」組合得好，不僅可以成爲眞正的「全才」，而且還可以發揮出新的的集體力量。同時，也可以使經營團隊的每一位成員人盡其才，發揮最大的才能。經營團隊的合理結構，主要包括：年齡結構、知識結構、專業結構、智能結構、特質結構等。

1.年齡結構

心理科學及生理科學顯示，人在不同的年齡階段，其心理特徵及智力和能力方面的優勢是不同的。比如，在知覺方面，最佳年齡爲十～十七歲；在動作和反應速度方面，最佳年齡爲十五～二十五歲；在記憶方面，最佳年齡爲十八～二十九歲；在比較和判斷能力方面，最佳年齡爲三十～四十九歲。心理學研究成果顯示，一個人開拓創造能力的強弱，與其年齡成反比，隨著年齡的增長呈減弱趨勢，這也就是人歲數越大越趨於保守的生理原因。同時，還存在這樣一個事實：現代社會快速發展，新知識、新技術不斷湧現，知識更新週期越來越短，年齡大的人雖然知識增加了不少，但在新知識吸收方面，中青年人卻更具優勢。但是，在經驗、教訓方面，年長者又自有其優勢，是中青年人無法與之相比的。因此，經營團隊的合理結構，應是老、中、青結合。以發展的眼光看，經營團隊的年輕化是個趨勢，比較能充滿活力，不斷創新，有助於企業的長期發展。

2.知識結構

隨著社會發展、進步及教育的普及，經營團隊的成員須有更豐富的知識與經驗，以便有效地管理整個企業。且經營團隊做的是全面性工作，要領導全體員工，因此，他們必須有一個合理的知識結構。當然，單就經營團隊的某一位成員而言，知識的水準及層面可能都是有限的，但如整個經營團隊組合得當，知識就可以全面、廣泛得多。另外，在注重知識的時候，應強調指出，一個人學歷所代表的知識與實際的知識是有很大的差異。調查研究結果顯示，在現代社會中，一個人知識的累積，在一般學校學到的僅占10%，而約有90%的知識，是在實際工作中獲得的。從現實生活中，或在我們學習、工作環境的周圍，也有很多人員自學成才，由經驗累積而來的。所以，在考慮經營團隊的知識結構時，除了重視學歷之外，更要注重其眞才實學。

3.專業結構

一個經營團隊，可說是一個指揮中心。就餐旅業而言，為了廣泛吸引顧客，提高營業額，就需要做好行銷工作；為了減少費用，控制成本，就需要做好核算工作；為了充分發揮企業資源優勢，善於運用現有的人、財、物，激勵員工的工作熱忱，就需要做好管理工作，如此等等。因此，在餐旅業經營團隊中，應按分工與職能不同，分配具有不同的專業知識的成員以形成一個合理的專業結構。在現代社會，科學技術滲透於企業的各個方面，科學技術是提高生產經營效率的主要手段，經營團隊必須要是懂科學管理、懂業務、懂技術的綜合體，否則就無法達成企業自訂的目標。

4.智能結構

智能是指人認識、理解客觀事物並運用知識、經驗等解決問題的能力。經理人的智能結構，包括：組織能力、研究能力、表達能力、思考能力、判斷能力等等。知識的不足，透過學習、查閱資料可以補充，而面對實際問題，要拿出具體解決方案進而解決問題，僅僅具備知識是不夠的。況且，經理人是企業的帶頭人，其智能就顯得更為重要了。因此，經營團隊的成員不僅要有知識，會運用知識，且應包括不同智能類型的人，切忌單一的智能結構。只有如此，才能取得最佳的管理效果。

5.特質結構

特質包含一個人的生理特質、心理特質和社會特質，是每個人都應具備的條件，經理人更有其較高的特質要求。餐旅業經營團隊的特質結構，是指將具備不同特質優勢的管理人員適切地組合在經營團隊內，取長補短、互相配合，充分發揮各自的優勢，共同把工作做好。特質結構常常是經營團隊展現實力的重要表現，合理的特質結構可以使經營團隊發揮很大的管理效能。

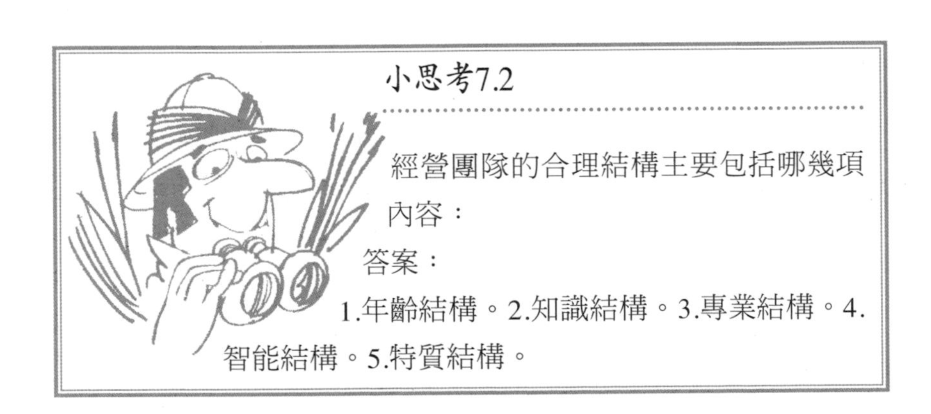

小思考7.2

經營團隊的合理結構主要包括哪幾項內容：

答案：

1.年齡結構。2.知識結構。3.專業結構。4.智能結構。5.特質結構。

7.2 經理人應瞭解員工的心理特點

用人是經理人的一項重要任務，正確用人的前提是知人。瞭解、研究員工的心理特點，並在工作安排上合理考慮，對於激勵員工的工作熱忱及提高工作效率，有著重要的意義。

7.2.1 各年齡層員工的心理特點

人的一生，一般由兒童期、青少年期、中年期、老年期等人生階段組成。在人的成長過程中，生理變化是心理變化的物質基礎。隨著生理的變化以及環境、教育的影響，心理上也會產生許多不同的特徵。瞭解各年齡層員工，特別是年輕員工的心理特點，對於餐旅業經理人在解決各種問題、激勵員工的工作熱忱，做好各項工作，是十分重要的。

1.青年員工的心理特點

青年員工，從年齡上講主要是指三十歲以下的員工。餐旅業的員工中，這個年齡層的占大多數。十八歲～三十歲這期間是人生的黃金階段，是最寶貴、最富特色的時期，然而這個年齡層，又常是人生的「暴風雨時期」。青年員工有如下的心理特點：

(1) 創造心理明顯

年輕的員工由學校踏入社會，隨著生活空間的不斷擴大，見識增廣，認知能力發展迅速，常常用批判的眼光看待周圍事物，見解獨特，喜歡爭論，創造心理格外明顯；對未來事業充滿渴望和憧憬，樂於積極進取；較少受傳統習慣的束縛，敢想、敢說、敢做；敢於標新立異，富有創造精神。

(2) 情緒缺乏穩定性

年輕時期，人的自我意識增強，並開始注重對自己的內心世界和個性方面進行評估，但情緒還不夠穩定。順境中或得意時，在進行自我評價時，常會高估自我，過分誇大自己的能力和成績，並常常沾沾自喜，甚至居高自傲、目空一切；逆境中或失意時，又往往會走向另一個極端，心灰意冷、垂頭喪氣、萎靡不振，甚至於自暴自棄。年輕人很在意別人對自己的看法，對諸多事物非常敏感，也許別人一句隨便批評的話，就可能會導致他對自我評價的動搖。年輕時期自我評價如此，評價別人時也常常帶有片面性，缺乏全面觀點 ，有時甚至顯得不夠冷靜與理智。

(3) 自我矛盾心理突出

年輕時期，豐富的內心世界常與社會現實產生衝突，導致心理矛盾：自我封閉與渴望交際相矛盾。愛面子、不好意思、自尊心強是青年人的特點。思想感情上的一些秘密很少願意向人吐露，而隨著交際範圍的擴大，渴望交際的需求增加，又缺乏可以傾訴的知心朋友，這種矛盾常會在內心交織。要求獨立與無法擺脫依賴相矛盾。年輕員工踏入社會後，會自以爲成人了，不願再受家長的約束，而在有些事上自己又拿不定主意，難以決定，常會導致內心矛盾。感情衝動與理智控制相矛盾。年輕人情緒不穩定，容易衝動。儘管他們也知道遇到事情應該要保持冷靜，不要感情用事，但往往不能控制自己，事後常會爲此而苦悶。理想與現實相矛盾，年輕人朝氣蓬勃，胸懷遠大理想，但往往又對現實社會的困難和阻力估計不足。一旦受挫後，常會陷於悲觀失望中不能自拔。

2.中年員工心理特點

中年員工，從年齡上而言主要是指三十一～五十歲的員工。

這期間是人生創業的最佳時期，心理成熟，身強力壯。但中年時期又是身心負擔最重的時期，肩負著社會與家庭雙重的責任，同時還要面對人生中由中年邁向老年的過渡期，中年員工有如下心理特點：

(1) 性格成熟穩定

人過三十歲，一般都完成了成家立業及生兒育女兩大任務，生活方式初步定型，思想也開始穩定。不再像青少年時期那樣充滿幻想，而是腳踏實地投入工作，故有「而立」之說。人至四十歲，閱歷增加，見識多，並不再爲表面現象所惑，即使複雜問題也能冷靜處理，故有「不惑」之譽。人至五十歲，知識能力愈加完善，經驗更爲豐富，常是人生事業的輝煌期，但接下來要面對邁向老年的過渡期，故有「知天命」之稱。心理趨於成熟，性格基本穩定，是中年員工的一大心理特徵。

(2) 事業成就顯著，身心負擔沉重

由於心理及生理上的優勢，中年人在事業上取得的成就格外突出，有資料顯示：一九〇〇～一九六〇年全球一千二百四十九名傑出科學家和一千二百二十八項重大科技成果中，科學發明者的最佳年齡層便是中年，最佳年齡爲三十七歲。人到中年，身心負擔也開始加重：在事業上，內心成就感日益迫切，諸事不敢鬆懈，處處需要用心，工作中升遷與貶降、成功與失敗，又常會讓人感到諸多壓力；在生活上，上有老人需要贍養，下有兒女需要撫養，還常會有諸如家庭成員中的生老病死、婚喪嫁娶需要操勞。沉重的負擔，有礙於身心健康。中年人注重良好的心理保健顯得尤爲重要。

(3) 生理功能衰退，面對人生轉折

隨著中年時期臨近結束，生理功能衰退使步入老年成爲必

然。而就心理而言，在中年後期仍然隨著年齡的增加而上進（人的心理機能，一般六十歲左右才開始退化，八十歲左右才會呈現一落千丈的狀態），力不從心的矛盾常顯得非常突出，中年期往往是諸多疾病的併發期，一旦患病，強烈的工作責任感和事業心常會使他們覺得難以忍受，不願接受治療，「忘我」心態明顯；同時，患病又常會給工作帶來損失，導致收入減少，使家人受到牽累，因此，往往會變得心情憂鬱。順利完成人生轉折步入老年，中年人對此應在心理上作好準備。

3.老年員工心理特點

關於老年年齡的界定，西方國家一般以六十五歲以上爲老年期。我國現行勞工基準，一般將六十歲定爲退休年齡界限，故老年員工主要應指臨近或已到離退休年齡的員工。老年員工有如下的心理特點：

(1) 生理機能衰退，心理功能老化

老年員工是一筆難得的財富，他們閱歷廣博，經驗豐富。能力發揮得當，對企業大有益處。但人到老年，生理機能逐漸衰退，免疫力降低，一些老年人的常見病開始出現。像腦血管疾病、心血管疾病、骨質疏鬆易折等。心理功能也隨之老化。智力下降，思維遲緩，記憶障礙，能力減弱、情緒不穩，易傷感，易激怒，稍不如意常會大發脾氣，時常感嘆自己大不如前等。對老年員工應多吸取他們的經驗，用其所長，同時在工作量上和生活上給予適當關照，對於老年員工積極性的發揮有重要意義。

(2) 習慣日久，易於固執

俗話說，「江山易改，本性難移」。老年員工，幾十年的社會經驗、工作習慣、生活習慣的日積月累，使得他們的習慣心理非常鞏固，這便是常說的固執心理。他們喜歡堅持自己的觀點、習

慣、愛好，一般不贊成別人的不同意見或看法。所以，對待老年員工，要多做些細緻、詳盡的解釋、說明工作，儘量使他們心情愉悅。

(3) **面臨退休，沮喪空虛**

隨著年齡的增大，老年員工退休將是必然。一旦要離開數十年爲之辛勤工作勞動的環境，常會產生諸多感慨。企業考慮到臨近退休年齡的老年員工的體力一般不再安排過多的工作，他們便會感到空虛或有種疏遠感；如果安排的工作多一些，他們又會發牢騷，訴苦；因此，做好安排年齡接近法定離退休年齡的老年員工的工作，對於發揮他們對群體的正面影響，削弱對群體的負面影響也是經營團隊的重要工作。

小思考7.3

下列心理特點通常表現在哪個年齡層員工身上。

1.情緒易波動，穩定性差

2.性格成熟，身心負擔重

3.心理功能老化，固執

答案：

1.青年期

2.中年期

3.老年期

7.2.2 心理衛生與人力保護

企業員工身心健康，是勝任工作、提高效率的重要條件。身心健康包括身體健康和心理健康兩個方面。隨著社會的進步及人們對健康認識的提高，心理問題愈來愈爲人們所重視。美國一位資深心理醫師曾說：「隨著社會向商業化的變革，人們面臨的心理問題對自身生存的威脅，將遠遠大於生理疾病」。因此，企業經理人、管理者多學習一點關於心理衛生和心理保健方面的知識，創造一個有利於員工身心健康的工作環境，對於人員管理有著重要的意義。

1.何謂心理衛生

心理衛生也稱精神衛生，是指預防心理疾病，保持心理健康的措施，進而包括對精神疾病的發現及治療。

心理衛生是身心健康的重要組成部分。世界衛生組織將「健康」定義爲「不但沒有身體的缺陷和疾病，還要有完整的生理、心理狀態和社會適應能力」。我國衛生界認爲健康應包括以下內容：身體發育健全，功能正常沒有疾病；體質好，有高度抗病能力，能夠擔負繁重的工作任務；精力充沛，頭腦清醒；情緒正常，心情愉快。由此可見，一個人體質再好，如果心理狀態不正常，也不能稱其爲健康。

2.餐旅業員工心理衛生方面的主要問題

在不同年齡和活動群體中，影響心理健康的條件和因素不同，因而表現出來的問題也不相同。餐旅業員工從年齡上講，大都爲青年人、中年人；就活動範圍而言，主要是公司和家庭。因此，餐旅業員工心理問題的表現，多數與其年齡和活動範圍有關：

（1）理想前途得不到實現，導致的苦悶與失望。

（2）交友、戀愛的失敗與對異性的好奇造成的壓抑心理。

（3）少數青年的過失行爲與反社會行爲，例如，犯罪、挑釁行爲，絕望、厭世心理、自殺等。

（4）中年員工對子女升學、就業及對老人贍養的操心。

（5）中年員工事業上的好勝心與體力和精力開始衰退導致的力不從心的矛盾。

（6）晉升、加薪等原因造成的煩惱。

（7）夫婦感情不合，分居或離異等造成的心理壓力。

（8）家庭成員關係緊張及與其他人際關係不協調帶來的焦慮和煩惱。

（9）由於噪音、空氣污染及體力消耗、勞動保護不善引起員工心理疲勞和不安全感。

（10）意外事故與危險工作給員工造成的心理壓力。

（11）由於人際關係不適應造成的心理壓力。

（12）不法之風與不利的周圍環境刺激對員工產生的心理影響與壓力等。

3.心理健康與人力保護

（1）瞭解心理健康的標準

餐旅業的經理人和管理者，要瞭解心理健康的標準，然後透過各種行之有效的考核工作，例如，談心、家訪、聯誼會、研討會等等，使員工掌握這些標準。並在工作、生活中努力按照這些標準去做，使自己逐步具備健康的心理。

心理健康的人應具有正常的智力。通過正規的智力測試，智商在九十以上的即具有正常的智力。

心理健康的人應有充分的安全感。這種安全感指的是個人心理上的安全感，即對自己、別人和對待客觀環境都有正確的態度。既不「杞人憂天」、「惶惶不可終日」，也不「一朝被蛇咬，十年怕草繩」。

心理健康的人應能正確評價自己。正確評價自己，不僅能正確評價自己的長處、優點，也能正確評價自己的短處和弱點。對自己的能力能恰當估計，以便選擇工作並勝任工作。

心理健康的人善於與人相處。這樣的人能保持良好的人際關係，樂意與人交往。嚴以律己，寬以待人，能營造良好的周圍環境。

心理健康的人心胸寬闊，情緒穩定。他們遇到煩惱、憤怒、焦慮之事能夠自行控制情緒與調適，從而保持平靜、愉快、樂觀的心情。

心理健康的人個性一致完整。這樣的人個性相對穩定、持久，能保持人格的統一性、一致性、完整性和協調性。

心理健康的人熱愛生活和工作。他們能充分感受生活、工作的樂趣，有積極進取的心理，能把自己的聰明才智用於工作、生活，並從中獲得滿足感與成就感。

(2) **透過心理健康的維護保護人力**

心理健康的維護，是保護人力的重要手段。餐旅業經理人和管理者可以透過舉行講座、討論交流和成立心理健康諮詢中心，展開經常性的心理諮詢和輔導，使得本企業的職工都具有健康的心理。從而使自己的員工成爲熱愛企業、努力爲企業工作的人。事實證明，這比不斷調換員工的辦法不知要高明多少倍。通常可以從下列幾方面來進行心理維護和人力保護：

教育員工正確評價自己，樹立堅強信念：在現實生活中，人對自我的認識往往是很膚淺的。心理學家通常將人對自我的認識及心理狀態歸納爲下面四種：A.自卑自憐型；B.自暴自棄型；C.自負自傲型；D.自信自強型。前三種是應該糾正或捨棄的，第四種是應該努力培養的。

客觀面對現實，創造良好環境：現實是一種客觀存在，任何人都無法超越。但在適應環境上，卻有兩種迥然不同的心態：一種是，當環境對自己比較有利時，能充分利用來發展自己，而當環境於己不利時，又會設法努力進行改變，甚至拋棄舊的環境，創造新的環境，以滿足自身發展的需要。另一種是環境好時，往往抓不住機遇，而環境不好時，只會怨天尤人。企業領導者和管理人員要時刻關心員工的心理活動，幫助他們抓住機遇，調整自己不健康的心理狀態。

多交知心朋友，儘量避免樹敵：建立良好的人際關係，是事業成功的重要條件。多交知心朋友，快樂、喜悅有人分享，苦悶、惱怒有處宣洩，情緒波動較大時，也易於恢復平靜。而樹敵的結果，常常是給工作、生活設置更多的障礙，整日處在糾葛中，難免要影響事業及其他。在做溝通工作時經常說明這一點，就會使員工以平常心對待別人，保持良好心態。

適應緊張工作，學會合理休閒：人生的價值，財富的創造，常常是透過緊張的工作換來的。餐旅業的工作量大，員工要特別能吃苦耐勞、適應緊張的工作節奏和工作環境。當然，過度的緊張，勞身勞心，也會有損於健康，反而不利於人力的保護。所以，餐旅業的經理人、管理者要經常舉辦一些聯歡會、旅遊等有益於身心的休閒活動，以調節員工情緒，保護自己的人力資源。

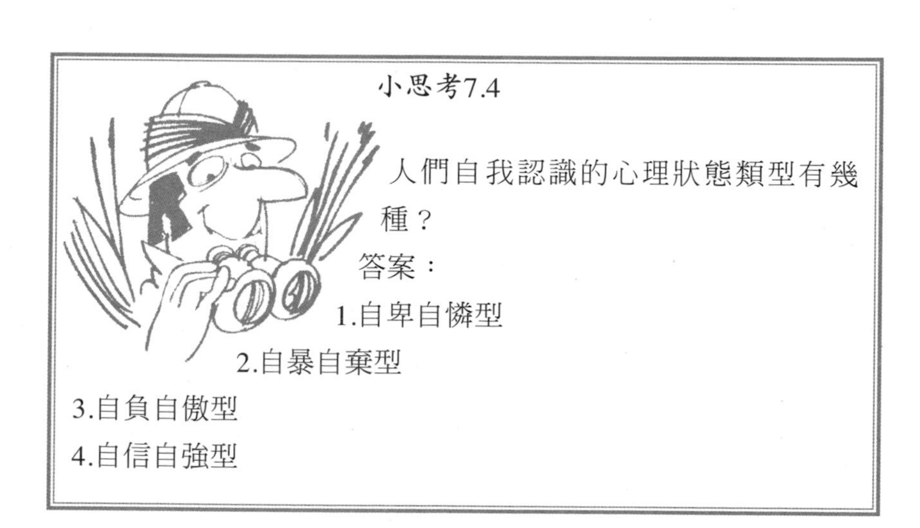

7.2.3 群體心理在管理中的作用

在餐旅業內部，群體是介於公司與個人之間的中間層，可以說，企業的一切活動，都是在發揮某種功能的群體內進行的。強化企業內部管理，堅持以人爲本，認眞研究群體心理，充分發揮群體的作用，常可以取得事半功倍的效果。

1.正式群體的功能

群體在一切現代化企業或組織中都是不可或缺的組成部分。群體對組織、對個人心理、對個人行爲都有深刻影響。協調群體內部人際關係，激起每位員工的積極性和創造性，有效地發揮企業的力量，對不斷提高企業的經濟效益有非常重要的作用。

2.非正式群體的作用

非正式群體是客觀存在的事實，既不能無視它的存在，更不能以「非法小團體」的定義給予歧視甚至打擊。餐旅業的經理人、管理者應該正確對待它的存在，認識它的積極作用和消極作用。充分發揮它的積極作用，為企業的管理服務，提高管理效益和經濟效益，最大限度地抑制其消極作用。

(1) 非正式群體的形成

非正式群體一般是由人際關係或觀點、感情、需要、興趣、志向的某些相同而自然形成的。其「頭頭」（亦即影響該群體活動或「態度」的中心人物）也是自然形成的。中心人物往往以其年長、資深、專業特長、德高望重、能說善道或愛「打抱不平」等等得到群體成員的擁護，成為這個非正式群體的「發言人」或「代表」。這個中心人物（有時會有兩位甚至更多）的言論、態度、行為常在很大程度上影響該群體。有時中心人物不在台前活動而成為「幕後策劃者」，這在非正式群體發揮其消極作用甚至「騷動」時尤其如此。

(2) 中心人物與非正式群體成員的心理聯繫

由於中心人物在非正式群體中有著很高的威信，所以他對該群體成員有很大的「暗示性」，這種暗示性常常成為該群體的「行動綱領」。其次，中心人物由於他的年長、資深、專業特長等優勢，常常成為企業裡，甚至社會上某些訊息（正式的訊息和小道的消息）的「消化中心 」。相關訊息經過他的消化成為該群體成員的「主流意見」。在這個主流意見範圍裡的就容易被群體成員接受；反之，就會被部分排斥甚至全部拒絕。而且非正式群體的中心人物隨著時間的轉移和其自身在一些事件中的失誤，作用會減弱或淡化，另有可信度更高、更能代表該群體利益的新的中心人物出現。也就是說，中心人物可以發生自動轉移。

(3) 引導和利用非正式群體的作用

引導和利用非正式群體的作用，主要是發現、認識中心人物，並利用他在非正式群體中的地位和代表作用、暗示作用，團結這個非正式群體的全體成員。使他們擁護企業領導和管理人員的決策，爲企業服務。爲此，餐旅業領導和管理人員要做到下列幾點：第一，要當有心人，有意識地觀察非正式群體的存在，發現其中心人物，瞭解中心人物的心理特點（例如，興趣、愛好、個性、需求等），主動接近他、尊重他，跟他交朋友。在不影響管理規章制度的前提下滿足他的心理需求，使他成爲企業管理的擁護者，甚至代言人（至少不能成爲反對派）。 第二，要及時發現中心人物的轉移，做好新中心人物的工作，同時不能中斷與原中心人物的聯繫。儘可能使原中心人物成爲新中心人物的朋友或支持者。第三，可以有意識地扶植並利用中心人物，使其爲管理服務，幫助領導和管理人員團結該群體中的所有人員。這對於以青年爲主體、流動性大的餐旅業的經理人和管理人員來說，是項不可忽視的特殊重要工作。這項工作做好了，不只是正常工作的一項補充，而且常會獲得事半功倍的效果，使管理有序、全體員工心情舒暢。

3.群體的凝聚力與士氣

高昂的士氣是群體力量的主要來源，而群體凝聚力又可以激勵群體士氣，兩者相互聯繫，成爲群體目標得以實現的重要條件。

(1) 群體凝聚力

所謂群體凝聚力，是指群體對成員的吸引力及成員與成員之間的吸引力。群體凝聚力含有「向心力」和「內部團結」的雙重意思。心理學家提出了一個測量群體凝聚力的公式：

$$群體凝聚力=\frac{成員之間相互選擇的數目}{群體中可能相互選擇的總數目}$$

由公式可以看出，群體凝聚力的大小，取決於群體成員之間相互選擇的數目與群體中可能存在的各種相互選擇總數目之比。

群體凝聚力的作用是多方面的，既有積極的一面，又有消極的一面。群體內部人際關係融洽、和諧、團結，從而使群體顯示出旺盛的活力和頑強的戰鬥力，是積極的一面。但凝聚力形成的內部團結，又極易出現排外傾向，這就是其消極的一面。反映在工作效率上，群體凝聚力也有雙重性，如果群體傾向於提高工作效率，效率就會明顯提高；反之，效率則會降低 。

影響群體凝聚力的因素主要有：群體的領導方式、群體的社會地位、外部的壓力、群體的溝通方式、群體內部的獎勵方式、群體的規模等。

(2) 群體士氣

士氣是軍事用語，是指軍隊作戰時的精神狀態。所謂群體士氣，是指成員對群體組織的滿足感及對群體目標的態度。員工對企業目標的贊同程度、經濟報酬是否合理，對工作本身的滿意程度、管理者的品質和風格、員工間的人際關係等都會影響群體士氣。作為一個成功的企業，不僅應有高水準的工作效率，還應有高昂的士氣。但形成這樣的局面卻非常不容易，餐旅業經理人和管理者要設法使高昂的士氣激勵工作效率。要做到這一點 ，瞭解士氣和工作效率的關係是必要的。

關於士氣與工作效率，美國心理學家戴維斯用圖示法說明了士氣與工作效率之間可能出現的幾種情況（如圖7.1）。

圖中A線，士氣高、工作效率低：這種情況的出現，主要是經理人只關心員工的滿足感，使之具有較高的士氣，而沒有把較高士氣引導到實現群體目標上來。這種高士氣不會長久維持，結果工作效率還是上不去。

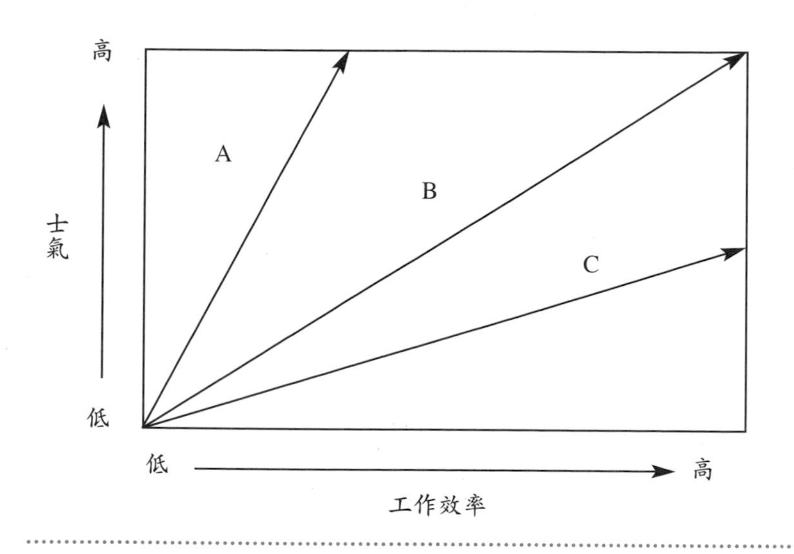

圖7.1

圖中B線，士氣高、工作效率高：這種情況顯示：員工較高士氣與群體目標一致，這是一種理想的狀態。這樣高昂的士氣， 必定會帶來較高的工作效率。高明的領導要使企業員工的士氣與工作效率的關係經常處在這樣的位置上。

圖中C線，士氣低、工作效率高：這種情況的出現，顯示經理人只關心群體目標，工作效率，管理嚴格，但對員工的需求滿足考慮不夠。這種「高壓」下的高效率，一般很難長久維持，不是企業經理人應該追求的眞正的高效率。

餐旅業的經理人、管理人員要處理好群體的凝聚力和士氣的關係，從各方面下功夫，提高企業的凝聚力和員工的士氣，提高工作效率，從而在保證實現企業經營目標的同時建設一個 「美滿」的企業大家庭。

7.3 員工的心理挫折及積極性的激發

充分調動員工的積極性，是每個餐旅業的經理人和管理者特別關注的問題。在企業內部，我們常可以看到這樣的現象，各員工的精神狀態不同，工作效率也不同。員工在工作中爲什麼有的衝勁十足，有的卻意志消沉？其中原因，與員工的心理挫折及積極性是否得到激發有關。

7.3.1 心理挫折及其原因

1.什麼是心理挫折

（1）心理挫折的概念

所謂心理挫折（簡稱挫折）是指個人遇到無法克服的障礙或干擾，不能實現其心理需求的目標時而產生緊張、焦慮、不安等情緒的狀態。

由於人們面對的客觀世界紛繁複雜，變化多端，對它的認識需要一個由淺而深的過程；同時，對於目標的實現，也需要一個積累力量、創造條件的過程。所以前進的過程中，遇到一些障礙、干擾、困難是很難避免的，挫折是普遍存在的。

（2）心理挫折的雙重性

挫折跟其他事物一樣，也有其雙重性，既是壞事，又是好事。對待心理挫折也需要一分爲二。從消極的方面看，挫折使人痛苦、失望或消極、頹廢，甚至還會引起某些人的粗暴對抗行爲，釀成嚴重的人身事故。此外，心理上過度的焦躁、緊張、不安，還會導致生理上的疾病，損害身體健康。從積極的方面看，挫折會給人教訓，讓人認識錯誤，從而鍛鍊人的意志，使之更加成熟、堅強；挫折還可以激勵人由逆境中奮起，更加刻苦努力。如能正確對待挫折，壞事也可轉變爲好事。

2.挫折產生的原因

挫折是普遍存在的。一般員工會遇到挫折，企業經理人和管理人員也同樣會遇到挫折。不過，二者所遇到的挫折的內容大同小異，但造成的原因卻是不同的。

(1) 造成管理者受挫的原因

上司不體諒、下屬不支持，經營決策失誤，領導成員不團結，能力不適應，才能無法施展、長期得不到重用和提拔，家庭關係、人際關係緊張等。

(2) 造成員工受挫的原因

工資待遇低、福利差，不受重視、婚姻不如意，勝任工作能力差，人際關係緊張，身體欠佳，子女上學、就業困難，家庭瑣事多、晚輩不孝順、長輩不理解，慘遭橫禍、意外打擊等 。

3.遭受挫折後的反應

人遭受挫折後，必然引起思想上，行爲上相應的反應。前面說過，反應可能是消極的，也可能是積極的。這裡著重討論消極的反應及其後果。消極的反應，一種是直接的，發生挫折後立即反應；另一種是間接的，發生挫折後長遠的反應。

(1) 遭受挫折後的直接反應

遭受挫折後的直接反應有以下幾種：

攻擊：個人遇到挫折後，引起憤怒情緒，常產生攻擊行爲。攻擊行爲可分爲直接攻擊和轉向攻擊兩類。其中直接攻擊是指直接攻擊構成挫折的人或事物。比如，有位員工受到刁難，他立即指責對方，甚至以拳腳教訓對方。轉向攻擊是一種變相攻擊，一般有三種形式：第一種，遷怒；第二種，無名煩惱；第三種，自我責備。

退化：是指個人遭受挫折後，採取幼稚的反應形式，使用幼稚時期的習慣與行爲方式。比如，一位男員工做錯了事，受到主管批評，自己難以忍受，竟當眾嚎啕大哭，這是成熟心理的退化現象。

冷漠：個人對引起挫折的對象無法攻擊又無適當的替代目標可以攻擊時，便將其憤怒的情緒壓抑下去，表現出一種冷漠、無動於衷的態度。冷漠在以下四種情況下容易出現：第一，長期遭受挫折；第二，個人感到無助；第三，情境中包含著心理恐懼和生理痛苦；第四，個人心理上有攻擊和抑制的衝突。

幻想：個人遭到挫折後，陷入一種想像的境界中，以非現實的方式對待挫折或解決問題。例如，一位個子瘦小體弱的人，受到一位身強體壯者欺負後，這位瘦小體弱者便幻想在某時某地將身強體壯者狠狠教訓了一頓，使心理上感到滿足。

固執：固執也叫執著，是指個人受挫後，以一種一成不變的方式進行反應。有固執反應者往往缺乏機敏力與隨機應變的能力。

(2) 遭遇挫折後的間接反應

遭受挫折後，不僅會產生各種直接反應行爲，而且還會給個體或群體帶來持續性的不良影響，這種不良影響即屬間接反應。

挫折給個體造成的緊張、壓抑、焦慮、痛苦，長期鬱悶，即是焦慮症狀，有損於人的身體健康。久而久之，還可能導致人的心理變態。

挫折會給群體造成人心散漫、士氣低落，長期持續的後果，會導致群體內部紀律鬆弛、事故增多、效率下降，給群體的存在和發展造成很大危害。

7.3.2 幫助員工戰勝挫折

前面說過，對待挫折有積極的和消極的兩種態度。餐旅企業的經理人和管理人員，不但要能正確對待自己遭遇到的挫折，而且要幫助員工在遇到挫折時化消極爲積極，化被動爲主動，戰勝挫折，激發積極性。這是企業經理人和管理人員應有的職責。

1.幫助員工客觀分析挫折產生的原因，找出消除挫折的辦法

遭遇挫折都是有原因的，有主觀因素，有客觀因素，也有主、客觀兩種因素共同作用形成的。找到了造成挫折的原因，就有了消除挫折的辦法。

對於自然因素，雖然有些不可避免，但有些還是可以採取措施加以預防的。對於企業經營管理中產生的挫折，應冷靜地分析原因，分辨是非，改變策略，重整旗鼓；如屬個人的生理原因，經理人和管理者則要積極創設良好的人際環境，使有生理缺陷的人受到應有的尊重，不因被歧視而產生挫折感。

2.教育員工正確認識挫折，提高挫折容忍力

個人遭受挫折後，避免心理和行爲失常的能力，叫挫折容忍力。一個心理健康的人，應該認識到現實生活中挫折是客觀存在的，是無法逃避的。他應該勇敢地面對現實，接受失敗與挫折的考驗，採取切實可行的辦法加以克服。挫折容忍力和其他心理特質一樣，是可以透過學習和鍛鍊增強的。辦法之一，就是不怕挫折和失敗，學會與困難和挫折作競爭，不斷在逆境中奮鬥拼搏、努力爭取成功。

3.幫助員工改變情境以戰勝挫折

挫折的產生都少不了一定的情境。情境可分爲環境情境和人際情境兩大類。幫助員工改變環境情境，就是讓員工脫離產生挫折的環境，避免觸景生情；幫助員工改變人際情境，就是使受挫員工和引發挫折有關係的人脫離接觸，避免再次發生衝突。例如，某餐廳有位女服務人員因故與一同事吵架，同事罵了她幾句不中聽的話，她便耿耿於懷，乃至一見到這位同事就生氣。結果不是小吵就是大鬧，常常自己不能控制。主管知道此事後，及時將她二人調開，使她們極少有見面的機會。自此，這位女服務人員的情緒就逐漸穩定下來了。

另外，幫助員工轉移注意力，也是應付挫折的一種有效辦法。

4.適當將因挫折遭受的痛苦發洩出去

對於挫折產生的痛苦，有人主張靠自制力去壓抑，做到「喜怒不形於色」。這不僅很難做到 ，而且也不可取。一旦不良情緒轉移到內臟器官中去，將會對身體造成損害。宣洩痛苦才是正確的辦法 。宣洩痛苦的方法很多，下面簡單介紹幾種：

（1）借物法

尋找一替代物，並對其實施攻擊，以發洩積鬱在心中的不良情緒。例如，日本松下電器公司便設有「生氣室」，裡面有象徵著經理的模擬塑像，並備有棍棒，如果員工對經理不滿意， 可對著塑像揍個痛快，以發洩胸中怨氣。

（2）書寫法

當一個人遇有解不開的事情而痛苦時，別人常這樣勸慰「不要把事情悶在心裡，講出來會好受些，免得憋出病來」。這話是有一定道理的。事實上，用筆寫也一樣，或用書信的方式，或用日記的方式，一旦心中的話寫完了，胸中的氣多半也消了。書寫法的好處是，既不妨礙別人，又能消除痛苦。

(3) 哭泣法

哭泣是一種最直接的發洩方法。醫學研究顯示，淚水中含有一些化學物質，這些物質可引起血壓升高、消化不良、心律加劇等。如果強忍著不讓淚水流出來，對身體健康十分有害。所以，該哭的時候，可以適當地哭一哭，但最好找個適宜的場合。

(4) 訴說法

遇有不快，心情煩悶，找知心朋友訴說，是發洩情緒和治療創傷的一種有效手段。訴說的過程，常常是情緒減壓的過程。透過訴說，可以使心情趨於平靜；得到對方的安慰，易於使心情開朗。

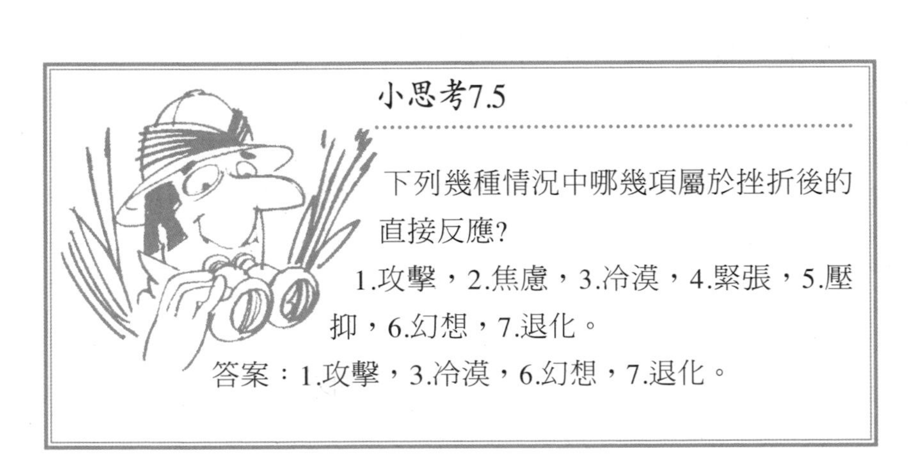

7.3.3 促進員工積極性的方法

市場經濟條件下，企業經理人和管理人員都非常重視員工積極性的激發。餐旅業員工從事的主要是服務性的工作，積極性的發揮便顯得更爲重要。員工的工作成效主要取決於工作能力和積極性兩方面因素。在一定時期內，員工的個人能力是個相對穩定的因素，積極性則是一個可變因素，受心理狀態影響較大。積極性高，工作成效就突出。所以，餐旅業經理人和管理人員總是千方百計地設法促進員工的工作積極性。常用的方法有下列幾種。

1.物質刺激

對物質利益的追求是人們從事一切社會活動的起因。因此，要有效地激發餐旅業員工的積極性，最基本的手段是利用物質刺激。

(1) 堅持按工分配，提供合理的勞動報酬

按照馬斯洛的需要層次理論，生理需要是人們最基本的需要。勞動報酬是員工收入的主要來源，是保障和改善員工生活的主要手段，對員工生理需要的滿足至關重要。所以企業必須同工同酬，作爲促進員工工作熱忱的重要手段之一。

餐旅業的勞動報酬形式主要有工資、獎金、津貼三種。其中工資是主要形式，獎金和津貼是補充形式。

目前，在我國企業中，常用的工資形式主要有三種，分別爲：時薪制、日薪制、月薪制。

獎金制度是根據不同工作的要求，按照規定的獎勵條件和獎金標準支付獎金的制度。相對於穩定的工資，靈活的獎金在促進員工積極性方面起著其他形式無可替代的作用。所以在制定獎金標準時一定要拉開差距。如果獎金作多作少、作好作壞都差不多，就會使獎金的作用降低，甚至趨向於零。

津貼制度是爲了補償員工在特殊的勞動條件和工作環境下的額外勞動消耗或額外生活費支出而建立的報酬形式。合理的津貼制度有助於調動職工在急難險重等特殊工作崗位上的積極性。

(2) 做好勞工保險和員工福利工作，解除員工後顧之憂

勞工保險是國家依法建立的，爲勞動者遇到風險時幫助其解決基本生活的一種社會保障法律制度。餐旅業應當爲員工提供基本勞工保險，使員工獲得最低生活需要的保障。在企業情況許可的條件下，還應當爲員工提供部分補充保險，滿足員工的安全需要，使員工沒有後顧之憂，全身心地投入到工作中去。

員工福利是餐旅業在工資和社會保險之外，對員工提供的經濟上的幫助、生活上的照顧和方便，以補充滿足其基本的、經常的或特殊的生活需要所採取的福利措施。員工福利一般有集體生活福利設施、文化娛樂設施和各種福利補貼三部分。良好的員工福利待遇有助於保障提高員工生活品質，增強企業凝聚力和士氣，促進員工爲企業長期工作的積極性。

2.精神鼓勵

促進員工的積極性，物質刺激是基本手段，同時精神鼓勵也不可或缺。而且根據馬斯洛的需要層次理論，精神需要屬於高層次的需要。精神鼓勵運用得當，更有助於促進員工持久的工作積極性。

(1) 加强企業精神教育，培養員工的企業意識和品牌意識

企業要加強文化建設，培育自強不息，積極進取的企業精神。一是用企業標誌、制服等形式表達出來，用來激勵企業每個員工的意志；二是樹立企業獨特鮮明的形象。既對外廣爲宣傳，擴大社會知名度，創造品牌效應，又對內團結全體員工，使他們

增強自豪感，鞏固心理上的認同感，使企業目標變爲每個員工的自覺行動，實現個人目標和企業目標的高度一致，使員工群體產生最大的協力。

(2) 引入競爭體制，激發員工進取意識

榮譽感、上進心是人所共有的。過於安定的生活工作環境不利於人們顯示自己的聰明才智。創設競爭的工作環境能給員工以一定的刺激，促使員工互相激勵，不斷打拼，達到心理的滿足。

餐旅業的競爭體制有多種。可以採取能上能下，能進能出、職務流動的人事體制；也可以採取多勞多得、少勞少得的分配體制；也可以通過「技術評比」、「優質服務競賽」等活動，評選「優秀工作者」、「星級服務員」並掛牌服務等激發員工的勞動積極性。

(3) 充分理解員工，滿足員工的被尊重需要

人人需要被別人理解。在競爭激烈的社會裡，理解顯得尤爲可貴。企業需要員工和社會的理解，員工更渴望得到企業經理人和管理人員的理解和尊重。每個人在社會上無論地位如何，都有自己的人格和尊嚴，需要得到他人的承認和尊重。餐旅業由於其工作性質的特殊性，員工的理解和尊重需要甚爲強烈。由於「顧客至上」是餐旅業的服務宗旨，客人處於崇高的被尊重地位，企業員工在心理上就容易產生見人矮三分的感覺，因而企業經理人要採取各種措施，滿足他們在顧客面前失去的尊重的需要。如通過評比先進、表揚、請顧客與員工聯歡，請高層主管或顧客代表、社會知名人士爲優秀工作者、服務明星頒獎等活動，最大限度地滿足員工的尊重需要。

(4) 充分信任員工，滿足員工的自我成就需要

員工工作除了經濟目的外，同時也有著精神上的追求。許多員工更是爲了發揮、體現自身價值而工作。爲此，企業經理人必須充分信任和依靠全體員工，爲員工施展才華、展現價值提供條件。要給予員工參與企業重大決策和管理的民主權利，強化員工的自主意識。要切實推行合理化建議制度，熱情支持員工的創造精神，使員工自覺地把自身命運跟企業緊緊地連在一起。

3.營造寬鬆舒適的工作環境和人際關係

營造寬鬆舒適的工作環境和人際關係往往容易被餐旅企業的經理人和管理人員忽略。有人認爲，餐廳、大廳、客房、內部商場、舞廳等等工作場所裝潢漂亮、清潔衛生、有冷暖空調、環境幽雅，這樣的工作環境夠寬鬆舒適的了，用不著在這方面下功夫了。其實不然，即以裝潢漂亮有冷暖空調而言，由於全是人工佈置的，而且用化學材料，採光、溫度、濕度都不是天然的，不符合中國幾千年「天人合一」的傳統習慣和「回歸大自然」的流行需求。員工在這種環境中從事緊張、繁重的體力勞動，又要經常眼觀六路、耳聽八方地爲顧客提供高水準的服務是十分容易疲勞的。又如廚房間的油煙、排油煙機的噪音，便會引起員工精神 上的煩躁和壓力。時間長了，會造成一些員工鬱悶或煩躁的心理狀態，不利於工作效率的提高和積極性的促進。因此，餐旅業經理人和管理人員有必要在「環境」上下些功夫，讓員工的工作環境自然一些、安靜一些。

人際關係除了前面已經說到的之外，還可以結合社團活動和談心、家訪、聯歡、旅遊等各項有益的交往活動，營造寬鬆和諧的企業大家庭內部平等的人與人的關係。由於餐旅業較早使用國外的管理制度和方法，「威權式」的指揮多，「溝通式」 的管理少，人際關係容易緊張。如果企業經理人和管理人員看得遠一

些，建立寬鬆和諧的人際關係的，對於減少或緩和企業人員「跳槽」、流動率，建立穩定的員工團隊，對於提高員工特質，從而提高自己的服務品質，提高企業長遠的經濟效益是十分有利的。

案例分析

花園酒店的人本管理

位於廣州花園酒店是大陸第一批五星級大酒店之一。它由香港、大陸合資興建，一九八五年正式投入營業，現有客房一千一百餘間。由於其成功的經營管理，曾連續幾年位列全國五百家旅遊企業效益第一名。其成功經驗中的重要一條，是其頗有特色的員工管理。

花園酒店在員工管理方面的管理哲學是：「依靠和重視我們最大的資源──員工。」爲此 ，他們提出了「員工第一」的口號。他們認識到：「沒有第一流的員工，哪來第一流的服務？沒有員工第一，何來顧客至上？」這個口號與世界著名的假日酒店的創始人威爾遜提出的「有幸福愉快的員工，才會有幸福愉快的客人」有異曲同工之妙。

基於以上思想，花園酒店對員工的管理是剛柔並濟，既嚴格執行紀律，又注重感情投資，體現人情味。花園酒店有三千名員工，有的恐怕自己也不記得哪天過生日，但飯店卻沒忘記，一直

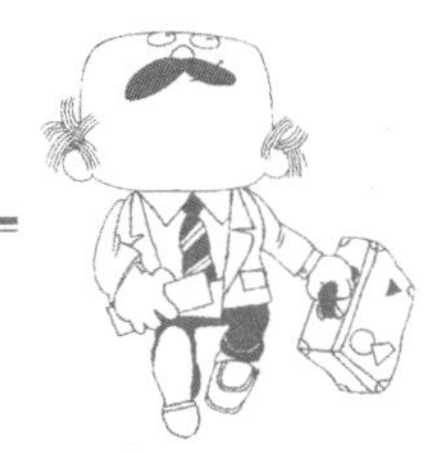

堅持在員工過生日那天送生日卡。員工婚禮、因病住院，酒店主管總是擠出時間前去祝賀或探望，使員工們深受感動。

飯店每季有一次最佳員工家庭聯歡會，把最佳員工的家屬們請來和各部門的經理一起用餐，使這些員工感到很有面子，激發了榮譽感。酒店還確定每月八號爲「員工日」，這一天總經理和所有的部門經理都穿戴上廚師工作服，到員工餐廳爲員工服務。全部高中級管理人員這天都到普通員工餐廳就餐，以便溝通感情，聽取意見。

飯店特設了意見獎。任何一位員工，只要他（她）提的意見經證明會給飯店帶來經濟上的收益，都將獲得飯店頒發的獎金。對於表現出色的員工，除了頒發由總經理親筆簽署的表揚信之外，還由總經理鄭重地當面致意：「本飯店有你這樣的員工很幸運」。

思考題：

1.你認爲花園酒店提出的「員工第一」的口號對嗎？爲什麼？

2.花園酒店在管理員工方面採取了哪些措施？會對員工心理產生什麼影響？

3.酒店還可採取哪些措施促進員工積極性？

關鍵概念與名詞

經理人特質	心理衛生
非正式群體	群體凝聚力
群體士氣	挫折
促進員工積極性的方法	

本章摘要

為了有效地對餐旅企業進行管理，必須對管理工作中的主要心理現象進行分析。管理中的心理現象主要包括經理人的特質與結構，員工的心理特點與心理衛生，員工的心理挫折與積極性激發等內容。

經營者個人特質主要由思想品德特質、知識水準、能力結構、心理品質、身體特質等幾部分構成。個人特質可以通過學習、訓練得以提高。企業管理水準的整體提高，則需要配置合理的經營團隊結構。經營團隊的合理結構主要包括：年齡結構、知識結構、專業結構、智能結構、特質結構等。

不同年齡層的員工心理特點明顯不同：青年員工創造心理強烈、情緒缺乏穩定性、自我矛盾心理突出。中年員工性格成熟穩定、事業成就顯著、身心負擔沉重、身體功能開始衰退。老年員工生理機能衰退，心理功能老化，易於固執，且面臨退休、容易沮喪空虛。管理工作要關注員工的心理衛生情況。心理健康有一定標準和一定的維護措施。管理心理中的另一項重要內容是群體心理研究。群體的壓力和規範、群體的凝聚力和士氣都是重點問題。

挫折是人群中的一種常見的心理現象。挫折產生的原因有內部因素和外部因素兩個方面。個體遭受挫折後有直接和間接兩種反應方式。經理人要採取積極手段幫助員工戰勝挫折。研究管理心理的最終目的是尋求促進員工積極性的方法。基本的方法包括：物質刺激、精神鼓勵和營造寬鬆的工作環境、和諧的人際關係三種。

練習題

7.1 經理人應具備哪些能力特質？

7.2 青年員工有什麼心理特點？

7.3 如何理解個體遭受挫折後的攻擊行為？試舉例說明。

7.4 如何幫助員工戰勝挫折？

習題

7.1 如何實現管理特質的自我提高？

7.2 中年員工有什麼心理特點？

7.3 在企業管理中，群體凝聚力完全是一種積極的作用力量。這種說法是否正確？為什麼？

7.4 如何理解個體遭受挫折後的幻想行為？舉例說明。

7.5 如何促進員工積極性？

7.6 如何引導和利用非正式群體的作用？

第8章 餐旅服務心理（上）

學習目標

8.1 櫃檯和商務中心服務心理
8.2 餐廳和酒吧服務心理
8.3 客房服務心理
8.4 購物服務心理
案例分析
關鍵概念與名詞
本章摘要
練習題
習題

學習目標

> 瞭解並學會分析顧客在前檯（front desk）、餐廳、客房、商場的一般心理需求，在工作中進行針對性的服務和管理。

8.1 前檯和商務中心服務心理

8.1.1 前檯服務心理

前檯，是飯店的門面與窗口，也是飯店和顧客之間的橋樑。前檯服務主要指的是飯店的大門、大廳和總服務台各部門的服務。每一位客人抵達和離開飯店，都必須經過櫃檯。它是顧客對飯店形成「第一對象」和「最後印象」的地方。因此，前檯服務在飯店服務中占很重要的地位。以下分別說明顧客對前檯服務的心理需求以及如何針對客人的需求做好服務工作 。

1.顧客在前檯的一般心理需求

(1) 客人對前檯環境、設施的心理需求

客人一進飯店，首先是用各種感官去感受周圍的事物。他們對飯店的外表、門面、櫃檯以及周圍的環境佈置、裝飾特別重視，這些都會給客人「先入爲主」的印象。客人要求飯店的環境具有意境美和整體美。他們希望飯店是高雅的、舒適的，以及乾淨。客人在這裡生活 ，一切都能很便利，就像生活在家中一樣自然和心情舒暢。

(2) 客人對前檯服務人員的心理需求

客人要求服務人員具有好的儀表，好的儀表美包括：長相美、服飾美和舉止美。可是，除了儀表美之外更重要的是服務人員的內在美。客人享受的不僅是飯店的設備、設施等有形商品，還有服務這種「無形商品」。如果服務人員儀表不得體、態度不好，服務不周到、不禮貌，客人就認爲這是不合格的服務。

(3) 顧客對前檯服務人員語言的需求

語言是人們溝通訊息、交流情感的媒介，也是人際交往的工具。員工的語言直接影響到客人的情緒。客人要求服務人員能懂多國語言，也希望從服務人員無語言障礙的溝通中知道客房的分類、等級和規格；知道餐廳的服務項目與價格；知道當地的風景名勝、旅遊景點、購物中心及交通路線等。

(4) 顧客對前檯服務品質的需求

客人要求服務人員要有良好的感受能力和熱情的服務態度。而重要的是服務人員必須有熟練的服務技能。前檯服務的內容很複雜，它包括：預訂、登記、接待、詢問、總機、行李接送與寄存、收款結賬、建立與保管客人檔案等工作。客人要求所有這些服務工作，必須迅速、準確地完成。只有這樣，才能保證客人能滿意這樣的服務。

2.針對顧客需求做好服務工作

(1) 美化環境

飯店要給客人提供良好的外在形象，必須做到建築形式風格化，內部設施現代化，各種裝飾藝術化，最好有濃郁的地方特色。

飯店大門和庭院可結合區域特色，鋪設草坪、花圃、噴泉、水池等。使人覺得環境清新優美，心曠神怡。服務大廳的佈局要簡潔合理，並設立醒目易懂的標誌，使客人一目了然。裝飾上要突顯地方民族特色，例如，掛民族的書畫作品，選用地方式樣的燈飾，擺設本地名花或地毯等，給人新鮮之感。大廳內所有的環境設施要保持高度清潔衛生、寧靜幽雅，設施用具要具有現代化水準。例如，日本東京大倉飯店把服務台安排到大廳之外的地方，使門廳內不直接看到櫃檯前訂房、結賬的熙攘人群，聽不到喧鬧的聲音。

(2) **重視儀表**

飯店對員工的儀表有嚴格的要求，服務人員要身材挺拔、五官端正、面容皎好。飯店要給員工設計富有特色、美觀實用的制服，服務人員的頭髮要經常梳理，鬍子要刮淨，指甲要修剪，切忌不修邊幅。服務人員的舉止要有風度，站有站相，走有走相，行爲得體。

在表情方面，態度要和藹，溫文儒雅，面帶誠懇的微笑。這樣會使客人覺得親切可信，服務人員與客人交談時氣氛融洽，能幫助客人消除剛來異地的不安和陌生感。以微笑起家而著稱的美國希爾頓旅遊公司的董事長希爾頓曾說過：「如果缺少服務人員的美好微笑，好比花園裡失去了太陽與和風。假若我是顧客，我寧願住進那雖然只有殘舊地毯，卻處處見到微笑的旅館，而不願走進有第一流的設備而見不到微笑的地方。」

在舉止方面，從接待人員開始，都要熱情主動地爲客人服務。各個部門的服務人員都要端莊有禮，必須站立服務，要使客人一進大門就受到熱情、殷勤、周到的服務。飯店有專人帶領客人到櫃檯去辦理登記、兌換外幣等手續。電梯管理人員也應衣著筆挺，彬彬有禮，替客人提行李進出電梯。爲了方便客人，有時可以改變先登記後進客房的做法，讓客人先進客房安頓好再辦理登記手續，這樣會使客人感到方便和滿意。

(3) 語言優美

飯店服務人員的儀表與說話技巧都是很重要的。說話技巧表現在語氣要誠懇謙和，語意確切、清楚，語音動聽、悅耳。要熟練地使用禮貌用語，但要適度，不能矯揉造作，避免使用客人禮儀所忌諱的語言詞彙。服務人員還應掌握多種外語或方言，這不僅是爲了工作方便，也是爲了使客人感到親切，增加對客人的相似性吸引力。現代化飯店都高度重視員工的說話技巧技巧，並且專門學習與培訓。

(4) 服務周到

服務人員有了良好的外在形象和熱情的服務態度，還得有熟練的服務技能。接待服務人員的技能主要包括：檢驗證件、登記住房、多項代辦服務和財務結算、運送行李、諮詢、開車門等。這些服務都要求熟練和準確。

只有熟練地掌握各種服務技能，而且快速，不出差錯，才能使客人很快辦完手續，得到休息。否則環境佈置再好，態度再熱情有禮，客人也不會滿意。若服務當中，差錯頻繁，會使客人由於久等而焦慮不安或不滿。

概括來說，飯店把訂房、環境、員工儀表、語言、服務等方面做好了，客人一進門就感到寬鬆、親切、舒適及方便，這樣就使飯店服務有了良好的開始。

小思考8.1

前檯環境怎樣給賓客留下美好的印象？

答案：1.意境美。作爲飯店門面的前檯，應追求意境，給賓客以情趣無窮的審美效果。如黃河岸邊的一家飯店，大廳以兩架徐徐轉動的黃河水車作爲主體佈置。潺潺的流水，使人聯想這條偉大的母親之河，一股強烈的地方和民族氣息濃郁，給賓客印象極深。

2.整體美。草藤、竹、柳條編的傢具織物，放在鄉土味濃厚的山莊或森林公園飯店大廳裡顯得非常得體，但放在豪華、西方建築的大廳就顯得格格不入。大廳的色彩要同一色系，感覺要明朗、熱情，具有強烈的吸引力，也應注意與飯店整體的室內裝飾色調基本保持一致，創造和諧的環境氣氛。

3.裝飾陳設美。大廳裝飾陳設宜採用觀賞性的大型景物或繪畫，讓客人能產生良好的印象。前檯環境除了追求、表現意境美、整體美和裝飾陳設美之外，保持環境的清潔衛生也是很重要的。

8.1.2 商務中心服務心理

商務飯店是專門接待商務旅客，這些旅客大部分是因爲出差或參與重要會議而需在外過夜。爲了滿足客人商務活動方面的需要，飯店應設立商務中心。一般飯店前檯兼管商務中心。商務中心主要爲客人提供傳眞、收發、影印、秘書等方面的服務工作。

1.顧客對商務中心的心理需求

(1) 求準確、安全的心理

客人要求為客人服務的工作必須準確。傳真、影印文件不能發生遺漏和錯誤，更不能發生遺失的現象，商情要絕對保密。此外，客人要求自己的身份、財產和行蹤也能保密。

(2) 求快捷、及時的心理

客人除了在服務上要求準確、安全的心理之外，還要求商務中心的服務人員要提供高效率的服務，即要求快捷和及時。服務人員必須迅速、及時完成客人託付的工作，不能發生拖拉和耽誤的情況。

(3) 求方便的心理

客人要求商務中心能滿足他們對商務活動方面所有的業務要求，服務項目齊全，種類多，使他們在飯店內就能完成所有工作及活動。

(4) 求尊重的心理

顧客要求商務中心服務人員應有禮貌、態度謙恭，以誠待人；要求服務人員接待客人時要一視同仁，不論是中賓、外賓都一樣的熱情和細心；要求服務人員認眞仔細聽取客人的服務要求，做好服務工作。

2.根據客人的心理，做好服務工作

(1) 耐心專注，一絲不苟

商務中心的服務人員每天要接待很多客人，而且每一位客人由於他們的職業、年齡和個性不同，對服務項目的要求也不一樣。所以服務人員必須全神貫注，認眞仔細地聽取客人的服務要

求，並認眞地將工作做到準確無誤。

(2) 熟悉業務，講究效率

商務中心的服務人員工作要做到有條不紊，忙而不亂。服務人員必須刻苦鑽研業務，熟悉各種服務項目的服務規範，熟練掌握各種設備的操作技能；講究效率、科學化的操作程序，準確、迅速地完成客人要求的工作。

(3) 服務項目齊全

商務中心必須提供衆多的服務項目：例如，打字、影印、收發、傳眞、翻譯等。有的飯店還提供秘書人員，出租會議廳，甚至還爲客人提供訊息；根據客人的需要與外貿部門、公司企業等聯繫，安排會議工作。商務中心可出租有關的商務設備（例如，投影機、幻燈機、電腦、打字機等），有的還提供只供在室內查閱、不供外借的參考書目。

8.2 餐廳和酒吧服務心理

8.2.1 餐廳服務心理

飲食是人生活的基本需要，做好餐飲服務，滿足客人解除飢餓的一般需要和品嚐各地方美味的願望是餐旅業爭取客源的重要方法。因此，現代化飯店必須重視餐廳的經營管理和服務工作，以各種美味佳餚、熱情周到的服務和高雅的用餐環境吸引客人就餐。讓客人用餐方便，能增加飯店的收入。

1.餐飲顧客的一般心理需求

(1) 餐飲顧客對環境、設施的心理需求

客人的第一印象是餐廳的外表。餐廳的外表在客人的視覺印象中很重要。顧客要求餐廳的門面、內部裝飾要美觀大方，建築式樣、招牌以及周圍的環境洋溢著高雅的氣氛。餐廳內桌椅的排列、藝術品的佈置，甚至於一張菜單也應是精心設計的。顧客希望這些都能給他們的視覺提供美好的享受。

客人要求餐廳的環境必須整潔。因爲整潔的環境表示食品是乾淨衛生。

客人要求餐廳的燈光明亮，均勻柔和，室內氣氛應該輝煌華美。客人要求在餐廳也能滿足聽覺的需要，因爲優美的聽覺能促進食慾。另外，客人對嗅覺形象也有一定要求，他們希望在餐廳能呼吸到新鮮的空氣，聞到誘人的食物的香味。餐廳的溫度也應當要適宜。總之，客人在餐廳要求享受到雅緻、柔和、舒適的環境。

(2) 餐飲顧客對飲食種類及品質的需求

顧客在餐廳對於飲食方面的需求是各式各樣的。客人經常點同一種或幾種飯菜，就會覺得單調、枯燥和乏味。所以對於飲食種類要求要豐富多樣，講究菜餚色、香、味俱全。

食物的顏色，對顧客的食慾有一定的影響。如綠色的食物給人以清新、生機之感；金黃色的食物給人以名貴感和豪華感；乳白色的食物給人以高雅衛生之感；紅色的食物則產生喜慶、熱情的作用。色彩與人的食慾有密切的關係，紅色、橙色和金黃色能促進人的食慾，紫色則會降低食慾。

食物以它豐富多變的氣味吸引著顧客。有的食物清香淡雅，有的則濃香撲鼻。食物的氣味對客人的飲食有很重要的意義，沒有滋味的菜餚，人們就會感到食之無味，望而生厭，而味道鮮美的菜餚會使人覺得滿口生津，餘味不盡。

食物經過人們的藝術加工形成優美的造型。逼眞的形象和適度的色澤，會讓顧客產生強烈的刺激作用，增加客人的食慾。所以食物既是人們食用的必需品，又是人們賞心悅目的藝術品 。

隨著人們生活水準的提高，客人對於菜餚的營養價值和藥膳價值也越來越重視。中、老年人害怕食用高脂肪的食品，擔心脂肪累積而發胖，擔心膽固醇過多而導致高血壓和心臟病，女性客人害怕高脂肪食品會使自己失去苗條的身材。

(3) 餐飲顧客對服務人員形象和特質的需求

餐廳主要的工作人員是服務人員。他們應使客人感受到歡迎和尊重。服務人員要接受點菜、送菜、收拾餐桌，爲下一批客人的到來擺好餐具。他們還要維護好餐廳和廚房的場地衛生，讓一切工作能順利進行。

服務人員的個人儀表影響著客人對餐廳的最初和最終印象。因爲客人往往會根據服務人員的儀表和服務來評斷餐廳。如果服務人員的制服清潔整齊，面帶微笑，風度翩翩，彬彬有禮，就突顯餐廳衛生高雅的形象，反之就會給客人留下不好的印象，那些用制服和儀表來判斷整個工作標準的客人可能永遠不再來光顧這個餐廳了。

(4) 顧客對服務品質的需求

顧客在餐廳用餐時，都是懷著愉快的心情來的。因此，無論提供什麼類型的服務，客人都希望服務人員是訓練有素的，能以熱情的態度和熟練的技巧滿足自己的願望。

餐廳接待的服務工作中要講究說話技巧。客人要求服務人員在接待中使用禮貌用語和尊稱， 俗話說：「好話一句三冬暖，惡語傷人六月寒」。說話聲調的高低，也會影響服務的品質。服務人員和客人進行交流時，還要依靠表情、手勢的配合來表達意思。服務人員面帶眞誠的微笑，會使客人感到和藹可親，否則會感到冷若冰霜。

在餐廳服務中，客人要求服務人員有高超的接待和服務技巧。他們能觀察客人的特徵，從而決定如何帶位、如何介紹菜單和幫助點菜，如何上菜、倒酒和配菜等。他們要求餐廳服務人員在服務中始終彬彬有禮，熱情主動、殷勤周到。

2.針對餐飲顧客需求做好服務工作

(1) 營造恬靜、清潔、舒適的餐飲環境

顧客到餐廳用餐，要求環境要幽靜且乾淨，所以餐廳在飯店內的佈置應是以鬧中取靜爲佳。餐廳的環境設計和佈置，除了人工創造的內部裝潢和陳設的美以外，要充分利用自然美，把大自然的景色和我國的園林藝術的特色引入室內，豐富餐廳室內空間的審美情趣，使客人精神舒暢，食慾倍增。

(2) 餐廳的設施要符合人體工學

餐廳的設施要符合人體工學，要適合客人的需要。服務設施的擺設要方便客人拿菜、用餐及休息。餐桌和椅子的造型、結構都要符合人體工程學的要求。餐廳的色調必須協調，整個餐廳要佈置得整齊和諧、美觀清潔，爲客人創造一個賞心悅目的氣氛。

(3) 提供高品質的菜餚

客人到餐廳來用餐，主要是享受美味佳餚。菜餚的色、香、味、形要俱全。菜餚的烹煮必須具有特殊的工藝和嚴格的品質要求。在原材料的選用、加工要仔細、烹煮時要講究刀工、顏色、火候和味道。講究菜餚的口味和經營特色是和餐廳經營的重要關鍵。

餐廳要不斷提高菜餚的營養價值，必須合理配膳、科學烹調。除了滿足顧客生理和心理上的需要以外，菜餚也能成爲治病健身、延年益壽的保健食品。

另外，餐廳的餐具、毛巾等務必經過嚴格的消毒，如果裝菜餚的器皿污穢不乾淨，也會降低菜點的品質。

(4) **提供一流的服務**

餐廳服務人員在工作時，應當主動地對客人保持友好、耐心、禮貌的態度，服務人員應具有健康的身心，外表端莊、熱情。

服務人員的服飾要高雅、便於工作：服務人員的制服應當合身，款式要高雅，與餐廳的裝飾、氣氛要協調。制服太緊，會不方便做服務工作，女服務人員的制服不能太短，避免在取東西彎腰時惹人注目；男服務人員的褲子要熨燙得合適，上衣、領帶要乾淨、整齊。

服務人員可戴結婚、訂婚戒指和手錶，但是手鐲、項鏈、耳環等裝飾品不應佩戴，因爲看起來不像正在爲客人做服務性的工作。同時，在處理食物時也不太衛生，服務人員必須注意自己的個人衛生和修飾。

服務要熱情：客人進入餐廳時，服務人員應站在門口歡迎，並且還要說相應的問候語，例如，「您好」、「午安」、「晚安」、「歡迎光臨」等。要主動幫助客人脫外衣、拿雨傘和公事包，把這些東西放在合適的地方。當餐廳不是很擁擠時，要徵求客人的意見來安排座位。如果是吵吵嚷嚷的大批客人應當安排在包廂或餐廳裡面的位置，這樣可以避免干擾其他客人。老年客人或殘障人士可能希望坐在離門口較近的地方，這樣他們會比較方便。如果是情侶或新婚夫婦，應安排只有兩個座位的餐桌。穿著顯眼的女客，應安排在餐廳中心的位置，以滿足她引人注目，被人欣賞的心理。對帶著孩子的客人，把他們安排在孩子喧鬧聲較不會影響到其他客人的餐桌比較合適。點菜時，要注意菜單必須是乾淨的，這使人聯想到盤子與餐具是乾淨的。遞菜單時，要向客人介紹餐廳供應的特色菜餚，耐心回答客人的詢問，這樣有助於客人與服務人員之間建立融洽的感情。送上菜單後，應讓客人有時間從容地看菜單，不要顯出不耐煩或催客人點菜。對於初次來用餐的客人，要根據客人的人數、性別及職業主動向客人推薦合適的菜餚。對外地客人應介紹本地的名菜，對老年客人則介紹比較鬆軟的菜餚。對經濟能力有限的客人不要推薦價格高昂的菜餚，否則會使客人處於尷尬的場面而引起反感。服務人員要眞誠爲客人著想，這樣才有利於招徠更多的客人。服務人員要隨時向客人提供所需的資訊，如飯店中的其他服務項目、當地的旅遊設施、交通情況等。

在上菜時，服務人員要注意上菜的動作，必須優雅而且專業。要提供色、香、味、形、均佳的菜餚，把客人的注意力吸引到菜餚上來。進餐接近完畢時，只有客人要求結賬時服務人員才可呈遞賬單。

客人付錢後要道謝，客人離開時，要像到達時一樣的熱情，幫助他們拿回所存放的物品， 穿好外套，向客人道謝告別，建立最後的良好形象。

小思考8.2

1.餐廳美的形象是什麼？

答案：飯店餐廳的美的形象主要包括外觀形象的美與內部環境美兩方面。

餐廳外觀形象美，包括建築外觀的美和餐廳名稱的美。

內部環境的美由各方面的裝飾因素融匯而成。例如，裝飾材料，書畫，吊燈，窗帘，地毯，屏風，傢具等陳設以及光線、照明、色彩、音響等，都要表現其美，創造一種清新舒適、安然悠閒的氣氛。

2.餐廳工作人員美的形象是什麼?

答案：餐廳工作人員出現在客人面前的形象，不僅是態度的美，姿容的美，而且還是整潔的美。體格健壯，容貌端莊，精神飽滿。如果體弱多病，萎靡不振，體態不勻稱，蓬頭垢面，會使用餐者產生不快之感。服飾美觀，清潔衛生，樸素雅致，明快和諧。如果服飾花俏，袒胸露背或皺折不堪，不講衛生，會使就餐者產生厭惡之感。舉止文明，姿態優美，熱情禮貌。如果服務員舉止輕浮，言談粗魯，勾肩搭背，會引起用餐者的反感。

8.2.2 酒吧服務心理

客人的娛樂是一種享樂活動，客人希望在娛樂的全程中能舒適又方便，因此客人還需要娛樂項目本身以外的其它服務，如客人在娛樂活動中喝酒、飲料及小菜服務的需求，於是各種酒吧就應運而生。每一類型的酒吧都有自己的特點和功能，但不管何種酒吧，其經營目的都是一樣的，爲客人提供飲料和服務，並獲得豐厚的利潤。

1.酒吧顧客的一般心理需求

(1) 酒吧顧客對環境、設施的心理需求

對於一個被日常生活中煩瑣雜事所煩惱的客人來說，酒吧是逃避社會種種喧鬧的天堂，所以酒吧的環境和氣氛都非常重要。環境要幽靜雅致、裝潢美觀大方，傢具要講究實用，高級的音響設備，燈光宜暗淡柔和。酒吧各種設備的設置要以不影響酒吧的外觀爲宜，整個酒吧寬敞、舒適，座位之間可以相互交談。

(2) 酒吧顧客對酒、飲料品質的需求

酒吧的酒單就是一份酒譜，一份齊全的酒單是由各種紅、白葡萄酒、甜葡萄酒、冰酒、玫瑰酒和某些價格昂貴的烈性酒組成的。酒和飲料應該口味純正、種類齊全，而且絕不能變質。酒吧要備有適合不同種類酒的酒杯，酒杯和用具必須要乾淨。

(3) 酒吧顧客對服務人員的形象及服務品質的需求

酒吧服務人員必須有很高的個人特質和交際技巧，他們要熱愛自己的工作，樂意並善於與他人交際，能與客人和同事保持良好的關係。服務人員要有良好的儀表，衣飾整潔，行爲端莊。服務人員應熟悉顧客常用牌子的酒和飲料，並用心加以調製出一杯

好酒或飲料。服務人員的操作應具有藝術性和表演性，在某種程度上不如說是在現場爲觀眾作表演的演員。爲了尊重客人，酒吧服務人員在任何時間都應保持整潔、俐落和訓練有素的形象，以專業化的技術服務以滿足客人對服務品質的需要。

(4) 酒吧顧客「物超所值」的需求

幾乎所有的客人都有「物超所值」的需求，大部分客人則有節儉的需求，絕大部分客人都希望物值相符，甚至希望物超所值。在支出部分，會有很大的比例用在享受生活。

2.針對酒吧顧客的需求，做好服務工作

(1) 酒吧服務人員首先應努力、細心地做好酒吧營業前的準備工作、環境衛生工作以及在工作前仔細檢查個人儀表是否符合要求。酒吧服務人員應檢查室內溫度與燈光，調節至合適的溫度與亮度。吧台應整理乾淨。洗滌槽應加滿水，加入清潔劑和消毒劑。所用的各類布巾都需洗燙乾淨。杯子用具都應擦乾淨，無油污和水漬。服務人員還須做好供應品的準備， 包括領取足夠的零錢以供營業中找錢時用。所有的準備工作都是爲了提高酒吧的服務效率和避免在服務中不出差錯。

(2) 酒吧服務人員必須正確選擇材料，精確地配製酒或飲料，能熟練地在飲用杯、調酒壺以及調酒杯中調製，滿足客人對酒、飲料品種、數量和質量方面的需求。服務人員必須重視操作技術，因爲它是整個酒吧服務中最引人注意的工作。許多動作需要面對客人，服務人員的操作應力求動作正確、迅速和優美。操作的好壞、往往給人留下深刻的印象。酒吧服務人員常運用嫻熟的操作技

術來創造熱烈的氣氛，以滿足客人的精神需要。

(3) 服務人員要做好酒吧的控制工作，要控制酒精飲料的耗量和現金。要建立酒吧服務人員接待客人的行爲和職責標準。酒吧服務人員要嚴格執行規定。應表現友善，但又不可太隨便，不能在工作時喝酒，不能對待客人有厚此薄彼之分。服務人員在服務過程中，要有熱忱的態度，但又必須保持冷靜。當客人點酒超過其支付能力或對酒精的承受力時，服務人員應當學會如何處理這些情況。喝醉酒的客人也許會製造事端，使其他客人不舒服，破壞酒吧氣氛，甚至造成其他客人的人身傷害及財產損失。酒吧服務人員的職責是保護其他客人和酒吧的財產安全。服務人員在對待酒醉客人時，決不能求助於暴力，也不能以言詞侮辱、責罵客人。如發生較大的麻煩事情必須及時通知管理人員，由他們來解決問題。如果由酒吧服務人員單獨來處理時，態度則應堅決。要求酒醉的客人儘速離開酒吧，幫忙安排好送他回家的車輛。如果酒醉的客人有同伴，則最好勸同伴送他回家，服務人員在旁提供必要的幫助。

小思考8.3

「客人總是對的」，對這一說法如何理解？

答案：「客人總是對的」。這並不是對客觀存在的事實所作的判斷。事實上，客人不可能總是對的。在服務人員與客人有分歧時，也不可能每一次都是客人「有理」，服務人員「沒理」。「客人總是對的」是要服務人員記住，不要說客人不對。即使事實上客人是不對的，你也不能說客人「不對」。客人是來「花錢買享受」的，是來讓人服務的，而不是來接受批評的。不要把「是非分明」變成「爭輸贏」。在服務人員與客人的交談中，服務人員應「得理也讓人」，不要跟客人爭輸贏。

8.3 客房服務心理

客房是飯店的主要部分，是顧客在飯店生活的主要場所。客房的營業收入一般都要占總收入的60%以上。客人來到飯店，就把客房作爲臨時的「家」，他們希望一般生活的基本需求都能在飯店的客房內得到充分的滿足。客房服務工作直接關係著飯店的聲譽和住房率。

要做好客房服務工作，最重要是要瞭解顧客，掌握他們在客房生活期間的心理特點。這樣才能採取主動的服務措施，使客人感到親切、舒適和愉快。

8.3.1 房客的一般心理需求

1.顧客對客房環境的需求

房客經歷了一段時間旅行，到達了目的地，迫切需要休息。他們希望飯店的環境是幽雅的，飯店和客房的陳設是精緻的，並具有現代化的一流設備。客房是休息的主要場所，房客都希望安靜，不受干擾。

房客還會要求飯店的環境、設施能保持明亮、乾淨。客房環境和用具的清潔直接關係到人體的健康、情緒的好壞和心理的舒暢。因此清潔是客人十分關心和重視的基本需要。美國康乃爾大學旅館管理學院曾對三萬名客人作了調查，其中有60%的人把清潔列爲第一需要。有些飯店由於環境不潔、蟲鼠騷擾、用具骯髒，使得客人感到焦慮不安，甚至產生厭惡、憤怒的情緒，嚴重損害了飯店的聲譽。

2.房客對客房設施的需求

飯店客房的設施包括：傢具、日用品、窗帘、床罩、地毯及在客房內的陳設佈置。他們要求客房的設施既堅固、耐用，又美觀大方，住在裡面能感到舒適、愉快，就像住在自己家裡，或比家裡更好。

(1) 客房佈置的色彩要符合房客的感官知覺

房客對不同的色彩會產生不同的知覺和聯想。如紅色能使人產生熱情、興奮、喜慶、富麗的感覺；黃色給人以溫暖、高貴、豪華、顯赫的感覺；綠色象徵著春天，表示青春和健美，使人感到生氣勃勃；藍色給人溫和、冷靜、幽靜、恬淡的感覺；白色給人輕快、純潔、 眞摯、明亮的感覺；紫色給人以穩定、柔和的感覺；淡紫色有舒適感，用其作窗帘則顯得輕快、明亮、安定、幽雅；深紫色使人有厭倦感；黑色雖容易引起人們悲哀、恐怖、神秘、失望的感覺，但也給人以沉實、穩重、高貴的聯想。

一般說來，在面積較大的廳堂、客房中使用暖色的傢具、窗簾、床罩、地毯，可以避免使人產生空曠和寂寞感。在比較小的房間中使用冷色可以避免空間狹小而使人產生急促和壓抑感。客房設施的色系應儘量做到互相協調，切忌五彩繽紛，令人眼花撩亂的色彩。

(2) 客房的設施要能引起房客的注意、興趣和想像

第一，客房的設施要引起房客的注意和興趣。客房設施如果具有新奇的特點，能引起客人的注意和興趣，從而對房客產生吸引力。世界各地較成功的旅遊飯店、遊覽勝地，都會按照客人的好奇心理安排客房設施。如美國哥倫比亞航空飛機飛上天後，日本東京一家酒店巧妙地製作模仿航空飛機樣子的太空床，房間的天花板上佈滿繁星，牆上畫了太空圖案，因而招徠了不少顧客。有的企業利用古代宮殿作飯店，內部陳設古色古香，服務人員身穿古裝，就連飲酒的杯子也仿照古代的式樣；有的在樹上建造「樹頂飯店」；有的建造「蝸牛樓房」，室內陳設簡單，沒有床，只有毛皮地毯，人進房要鑽地洞；有的利用山洞，修建了原始洞穴飯店；有的在海底蓋飯店，讓客人跟自由自在優游的魚相伴，尋求與世隔絕的安靜。

第二，客房的設施要能引起房客的豐富想像。在建築和安排客房設施時，應激發房客豐富的想像。如西安華清池賓館，房間一律仿古建築，曲徑迴廊，使顧客以爲自己住進了昔日帝王的「行宮」。

3.房客對客房服務人員服務品質的需求

人的心理活動隨著時間、地點的不同，以及在客觀事物影響下，隨時都可能發生變化。但一般客人來到客房，服務人員要主動熱情的向他們打招呼，表示歡迎；其次是能詳細得體的向他們介紹客房的設施及使用方法；再次是要求服務人員能主動噓寒問暖、徵求客人對服務的其他需求，針對性地提供優質的服務，儘可能地滿足他們在生理和心理方面的需求。

4.房客對客房清潔衛生的需求

房客要求一個乾淨的環境。清潔衛生工作特別重要，它不僅是生理上的需要，也能使人產生一種安全感、舒適感，會直接影響顧客的情緒。清潔衛生工作是客房服務的首要任務。

房客在客房裡生活，要求客房的環境是要優美的，客房的用具和浴室的用品要乾淨。房客還要求客房服務人員按照清潔工作規則來做衛生工作，客房的傢具、用品和廁所的清潔用具等細節，例如，電話機按鍵、檯燈的燈泡和燈罩、茶杯等都應保持一塵不染。

5.房客對客房安全的需求

房客住進客房，希望個人的財產以及自身安全也能受到保護，這是他們最基本的安全需要。他們不希望自己的財產丟失、損壞，不希望發生火災、地震等意外事故。客人還希望在自己生病、喝醉酒或出現意外危險情況時，服務人員能及時採取措施，保障自己的人身安全。

6.房客對尊重個人生活習慣、隱私的需求

房客在客房裡，希望能像在家裡一樣溫暖舒適，希望得到服務人員熱情的接待，得到最大的尊重。房客要求服務人員能尊重自己的人格，尊重自己對房間的使用權，尊重自己的朋友、訪

客，尊重自己的生活習俗、信仰等等。

8.3.2 針對房客需求做好服務工作

1.注意客房的環境佈置

我國傳統的室內設計很有特色，可利用傢具、花瓶、屏風、帷幕、簾幔等裝飾與陳設，將室內環境佈置得華美或優雅，形成特有的情調和氣氛。

2.做好接待服務工作

客房的接待人員是飯店服務的主體，客房要乾淨、舒適、安全，服務人員又能隨時主動提供熱情、耐心和周到的服務，客人才會高興，滿意而歸。

服務人員在服務過程中，要主動爲顧客提供服務，滿足房客的各種要求。要預測房客的和需求，把服務工作做在房客開口之前，病人生病要主動幫忙請醫生診治，當房客需要休息時，要迅速把窗簾拉上等等。

當房客來住房時，服務人員要熱情歡迎，房客住下後要熱情服務，房客退房時要熱情歡送。這種熱情、親切的服務態度，使顧客感受到賓至如歸，立即消除初到異國他鄉的陌生感 。

服務人員對房客的主動、熱情服務要始終如一，持之以恆。服務人員對待房客要有耐心，耐心的來源於意志的耐力，而耐力又來自於高尚的職業道德。

服務人員對房客的各方面的關心照顧都要周到，因此要熟記各類房客的基本要求和特殊要求，確實讓房客在住房期間提供周到的服務，滿足客人的一切需求。

3.及時、周到地清理客房

房客住房期間，服務人員必須經常保持客房臥室和浴室的乾淨。應事先瞭解房客的要求，確切做好清潔工作。

服務人員進入客房前，要儘量替房客設想，不要因做清潔工作而干擾房客的生活習慣和休息，要徵求房客的意見，是否可以做清潔工作或是什麼時候來做清潔工作。在工作時必須按照一定的程序和規範。首先要整理床鋪（鋪床），這樣，客人一進房間，就能顯得較爲整潔。浴廁的清理也是很重要的。浴室內的浴缸、浴簾、牆壁、洗手台、抽水馬桶和地面等都要清理、擦洗，特別是漱口杯、洗手台、抽水馬桶等更要嚴格消毒，並用寫上「已消毒，請放心使用」字樣的封條。

服務人員要確實做好清潔工作，及時更換客房浴室的用品（例如，牙刷、香皂、沐浴乳等），經常檢查設備的完好情況，壞了要及時通知相關部門儘速修理，讓房客始終有溫度適宜、空氣流通、設施完好的安靜環境。

4.做好洗衣部服務工作

在飯店顧客的投訴中，洗衣部所占比例很大，其原因主要在於管理不善和技術不佳兩個方面。

在洗衣的各道程序中，時間與溫度的控制是關鍵。在做洗衣服務時，要注意不同質料的洗滌方式。如毛、麻衣物要用乾洗、烘乾，還是用水洗？眞絲應用什麼方法洗滌？熨燙溫度與時間又是如何控制？這些都得一一考慮。薄、軟衣物如果熨燙不當就容易變形變色。水洗機、乾洗機、烘乾機、燙平機、壓平設備及定形設備的維修與保養，都需要制訂標準化和規範化的管理制度。技師要嚴格把關，確定不同質料衣物的洗滌方式、熨燙溫度與時間，以保證洗衣部服務工作的品質。

8.4 購物服務心理

旅遊活動包括：行、住、食、遊、購、樂等幾個環節，其中，向遊客提供購買旅遊商品的服務是不可少的。旅遊商品的銷售對發展旅遊事業，特別是增加外匯收入有很大的幫助。凡是旅遊業較發達的國家和地區，都十分重視開發旅遊事業。據世界旅遊組織的統計，每年全世界旅遊總收入中，旅遊事業的收入約占25%，而旅遊業發達的國家和地區卻占了50%～60%，新加坡、香港等地的旅遊事業收入更高，它們將旅遊事業作爲本國的外匯收入的主要來源。

發展旅遊事業不但有上述的經濟意義，還有其文化意義。就是透過旅遊活動來宣傳本國的文化、歷史、工藝、美術、社會生活方式、風俗習慣，促進各國人民之間的相互瞭解和友誼。發展旅遊事業也有其心理意義，在於滿足顧客的購物需要，並透過購物獲得愉快的心情享受。根據調查紀念品購買現況的結果顯示：依客人購買的紀念商品，必須具有濃厚的地方特色，能傳播當地文化、價格較低、適合分送親友、適合作爲家庭擺設的裝飾品。下面分別對旅客購物的需求加以介紹。

8.4.1 旅客購物的一般心理需求

1.顧客對商品紀念性的需求

旅客希望在購物中心買到具有民族特色、地方特色的有紀念價值的旅遊商品，如美濃的紙傘、鶯歌的陶瓷、三義的木雕、澎湖文石、大甲草蓆等等，都很受歡迎，吸引了很多客人。他們購買這些商品主要是爲了作爲禮物分送親友，以表達感情和禮貌。

而有的客人則喜歡把在旅遊景點購買的商品保存起來，日後據此回憶他們難忘的旅行生活。

2.遊客對新奇商品的需求

遊客對於異國風情的新奇物品，都較有興趣購買，以滿足他們求新獵奇的心理。貴州的蠟染服裝、四川的竹編器皿、無錫的泥人、上海城隍廟的五香豆、梨膏糖，廣西的奇石，南京的雨花石，北京的景泰藍工藝品，宜興的紫砂壺、茶具，景德鎮的薄胎瓷器，山東的仿古黑陶，海南的珍珠，內蒙、寧夏的羊骨制品，杭州的綢傘、龍井茶等都是客人喜歡購買的。此外，外國客人對我國的古玩玉器、郵票、京劇臉譜等也很感興趣。部分外國客人還樂意購買我國的傳統服裝，例如，旗袍、中山裝、絹花鞋等，因爲這些商品對他們來說，都是很新奇的。

3.遊客對商品實用的需求

旅遊商品要具備實用性，有的外國客人特別是來自日本和港、澳、人士，特別喜歡購買中藥材及成藥，治病保健。一些地方的風味食品也是他們十分喜愛的，既可食用，又可饋贈親友，而且價格便宜，最爲實用。這些客人大部分是中、低收入階層的人。他們在選購過程中，特別注意商品的質量、效能、用途，他們要求商品要經濟實惠、耐用和使用方便，而不太重視商品的紀念意義，以及商品的外觀、時髦與否。

4.遊客對商品的價值及價格的需求

遊客在購買工藝品、古玩、玉器等商品時，除了考慮商品的實用性外，還注重商品的欣賞價值和藝術價值。不少遊客在購物時，會特別注意商品的外觀和造型。如墾丁盛產貝殼，當地的商家就用那些千姿百態、五光十色的貝殼爲原料，雕磨鑲嵌而成一幅幅晶瑩剔透，意趣橫生的貝雕畫、項鍊、檯燈架、首飾盒等。

遊客購物對商品的價格也很注重。他們每走進一家商店，一接觸商品，首先想知道的就是它的價格。每個人都希望用最少的錢買回很多商品，或在同等價格條件下，以最省的購買時間和精力達到購買的目的。購物的遊客絕大多數是普通一般薪水階層、企業主及一般商業旅客、青年學生，他們希望以有限的收入，獲得更多、更好的旅遊商品，最大限度地滿足個人的需求。有的外國遊客在國外購買低價的古玩、藝術品或工藝品，回國後可以以幾倍甚至於幾十倍的價格出售。

5.遊客對瞭解商品相關資訊的需求

客人在購買工藝品、玉器、古玩和字畫時，希望能知道相關的知識，他們希望購物中心服務人員或導遊能介紹商品的特色、製作過程、價格及使用注意事項等資訊。有的商品著重色彩、造型、線條、結構的外在美。有的商品與神話軼事相結合，有的與花草蟲鳥相結合來表現意境美。在藝術品中以「蟲鳥走獸，瓜果桃梨，竹梅蘭菊」等自然界生物爲題材的則更爲常見。

遊客在購買商品時，對當場揮毫的字畫購買之慾望較強烈，他們參觀某些工藝品加工廠後，參觀了工藝品的生產過程，都會希望購買這種商品作爲紀念。

6.遊客購物時求尊重的需要

遊客在商場選購物品時，希望能滿足他們的自尊心，遊客的情緒往往受到服務人員的態度和用語的影響。他們希望服務人員能熱情回答他們所提出的詢問，希望能讓他們隨意挑選物品，不怕麻煩，希望服務人員有禮貌，尊重他們的愛好、習俗和生活習慣等等。客人在購買商品時，要求旅遊商品要貨眞價實，服務人員對客人要一視同仁。若客人的這些需要得到滿足，便會「受寵若驚」，而激起更大的購買欲望。

8.4.2 針對需求，做好介紹、銷售工作

遊客在購物中心購物時，為何有上述種種需求呢？因為有一部分人對購物是出自有心注意，有一定的目的和興趣，在旅遊前就有計畫購物；而多數客人，他們對購物是無心插柳，事先並沒有購物的計畫，在旅遊過程中被商品廣告和商品陳列所吸引，引起他的注意，從而對商品產生了興趣，有了購買欲望並導致購買行為。還有一些遊客是到商店瀏覽，被客人爭相購買的情境感染或被服務人員的熱情介紹、殷勤服務所感動而加入購買者行列的。因此 ，服務人員應努力引起遊客的注意，提供熱心的服務。

1.善於接觸客人

客人進入購物中心後，購物中心的服務人員應判斷其本意，注意客人的態度和動作，掌握時機打招呼。過早接觸會使遊客產生戒心，太慢接觸也會減低客人的購買興趣。當遊客進入後，最佳的接觸時間應在注視商品、對商品產生好感的時候。日本有位經驗豐富的商人曾歸納了接近遊客的六個時機：一是客人盯著一種商品的時候；二是客人觸摸商品的時候；三是客人從商品上抬起頭的時候；四是客人停住腳的時候；五是客人尋找商品的時候；六是客人與服務人員目光相對的時候。這些都可以作為我們的參考。

2.善於介紹商品

當遊客對商品進行思索時，服務人員應適時地介紹商品。把商品的名稱、種類、特點、 產地、廠牌、原料、樣式、使用方法等介紹給他們。服務人員應重點式地介紹商品，不要講的太細，以免佔遊客太多時間或讓他們聽完介紹後，還是對商品摸不著頭緒。

3.善於建立與遊客之間的信任關係

遊客認定某個目標商品後，常常還有點猶豫。這時服務人員應及時採取促進信任的方法，掌握遊客的喜好，簡單重申商品的主要特點，建立與遊客之間的信任關係，強化遊客對商品的印象，促使遊客下決心購買。

4.善於迅速成交

在遊客決定購物時，服務人員要馬上抓住成交的時機，使遊客的購買行爲得以實現。成交後，服務人員應迅速進行結算和商品包裝工作。結算時必須準確，給遊客莫大的信任感。結算後，絕不可由熱情轉爲冷淡，因爲這樣除了會引起遊客心中不快之外，還有可能使遊客在挑選商品時產生的疑慮心理再度發生，影響最後的成交。商品包裝應力求安全牢固、整齊美觀及便於攜帶。

5.善於禮貌送客

以上的服務工作結束後，服務人員應向遊客誠摯地表示感謝，並歡迎顧客再次光臨。同時注意提醒顧客不要忘記隨身攜帶的物品，以表示對遊客的關心。服務人員熱情的態度和周到的服務會使遊客在物質上和精神上都能得到滿足，讓遊客有再度光臨的意願。

6.善於接待購買行爲類型不同的顧客

遊客的購買行爲大體上可分爲：習慣購買型、選擇購買型、自主購買型和衝動購買型等幾種 。

習慣購買型的顧客，購買的都是自己慣用品牌的日用品，例如，煙、酒、化妝品、裝飾品等 。他們已事先確定要購買什麼商品，對於自己要購買的商品也熟知其性能、規格、尺寸等特點，不易受廣告或服務人員的影響。在旅遊時中，遊客在飯店住房期間，對商場供應的旅遊日用品的需求量便不大。

選擇購買型的客人，購買的多是高級商品，例如，各種照相機、DVD、電視機、工藝品、首飾、古董文物和貴重禮品等。他們在購買前也有明確的購買要求，如商品種類及商品品質、規格尺寸等等，但是對商店所賣的商品性能還不大瞭解。所以他們購買時常常要對商品的外觀色彩、造型、功能等反覆挑選。

自主購買型，也叫理智購買型。這種行爲類型的人通常有比較明確的選擇標準，而且有主見，自信心較強。購買商品時會固執地按自己的標準去選擇，善於控制自己的情緒，不易受服務人員的說明、或商品包裝的影響，而只是自己觀察和選擇商品，表情比較沉著。

衝動型購買者，也叫偶然購買型。屬於這種行爲類型的顧客，事先沒有明確的購買動機。他們情緒容易衝動，心意改變的很快，易受他人影響。他們往往在旅途中，或隨意參觀商店時，遇到自己喜愛的商品、被沿途醒目的廣告吸引、看到旅伴們競相購買，或由於服務人員的熱情介紹而產生衝動，而馬上決定購買某種商品。

對於這些不同購買行爲類型不同的客人，應該根據他們的具體情況，針對性地採取不同的銷售心理策略，提供使他們滿意的服務。

案例分析

某大餐廳的正中間牆上掛著一個大紅「壽」字，前面是一張特大的圓桌，這是在舉行慶祝壽辰的家庭宴會。朝南坐的是位白髮蒼蒼的壽星，眾人不斷站起來向他祝壽。

一道又一道繽紛奪目的菜餚送上桌面，客人們對今天的菜顯然感到心滿意足。壽星的陣陣笑聲為宴席增添了歡樂、融洽、和睦的氣氛。

又是一道別具一格的點心送到了大桌子的正中央，客人們異口同聲喊出「好」來。整個大盤連同點心拼裝成象徵長壽的仙桃狀，引起鄰桌食客伸頸遠眺。不一會，盆子見底了。客人還是團團坐著，笑聲、祝酒聲、賀詞聲，匯成了一首天倫之曲。可是不知怎地，上了這道點心之後，再也不見端菜上來。鬧聲過後便是一陣沉寂，客人開始面面相覷，熱情歡樂的生日宴會慢慢冷卻下來。眾人怕老人不悅，便開始東拉西扯，分散他的注意力。老壽星的兒子終於按捺不住，站起來朝服務台走去。接待他的是餐廳的領班。他聽完客人的詢問之後很驚訝：「你們的菜不是已經上完了嗎？」

中年人把這一消息告訴大家，人人都感到掃興。在一片沉悶中，客人忿忿地離席而去了。

思考題：

1.案例中反映賓客有哪些心理需求？家宴給客人留下什麼印象？

2.你認為服務人員應如何吸取教訓？

關鍵概念與名詞

前檯服務心理	重視儀表
旅客對商務中心服務的心理需求	酒吧服務心理
房客的一般心理需求	遊客對商品紀念性的需求

本章摘要

本章主要是對前檯、商務中心、餐廳、客房、購物中心等部門的服務心理加以分析，並根據遊客的心理需要提供最好的服務。旅遊服務人員要克服來自外部和內部的各種困難，遵循「客人至上」的服務原則，以專業的技能，滿足旅客的需求。只有這樣，才能吸引顧客，提高餐旅業的社會效益和經濟效益。

練習題

8.1 第一印象與最後印象在前檯服務中爲何具有特殊意義？

8.2 餐廳工作人員爲什麼要注意自己的儀表美？具體要求有哪些？

8.3 簡述客房服務人員應具備的心理素質。

8.4 旅遊商品的包裝心理功能是什麼？

習題

8.1 顧客在前檯的一般心理需求是什麼？應當如何接待？

8.2 商務中心的服務人員應具備哪些素質？如何做好服務工作？

8.3 餐飲顧客的一般心理需求有哪些？如何針對顧客的需求做好服務工作？

8.4 酒吧顧客對酒吧服務有何心理需求？服務人員應如何做好工作？

8.5 餐旅顧客對客房的心理需求有哪些？如何針對顧客的需求做好服務工作？

8.6 遊客購物的一般心理需求有哪些？如何做好導購銷售工作？

8.7 遊客在購買物品時，有哪幾種不同行爲類型？應當如何接待？

第9章

餐旅服務心理（下）

學習目標

9.1 沙龍美容服務心理
9.2 導遊服務心理
9.3 康樂服務心理
9.4 探險旅遊心理
案例分析
關鍵概念與名詞
本章摘要
練習題
習題

學習目標

瞭解並學會分析遊客在沙龍美容、旅遊、康樂活動和探險旅遊過程中的一般心理需求，進行針對性的服務和管理。

9.1 沙龍美容服務心理

隨著人們生活品質的提高，沙龍已成爲工作之餘消除疲勞、享受情趣、愉悅身心的方式之一。

9.1.1 沙龍美容顧客的心理需求

1.求清潔的心理

沙龍對衛生條件要求較高。因爲美容設備、物品直接與顧客頭部、面部接觸，衛生要求十分嚴格，顧客也會要求設備清潔、用具物品和環境要夠乾淨，服務人員個人也要有良好的衛生習慣。

2.求美的心理

設計出適合自己的髮型，這是大部分顧客的主要心理。髮型設計要符合個人的審美要求，有些顧客，尤其是女性、文化藝術家的求美心理表現得比較突出，顧客在美容化妝時也有同樣的要求。她們往往比較細心，反覆端詳，有較高的審美價值。

3.求新的心理

有部分顧客受社會時髦風尚等因素之影響，追求新異和奇特。他們要求當前最流行的美髮和美容服務項目，這些顧客富於幻想、不守傳統，喜標新立異，實現自我。具有這種心理的顧客，以年青人居多，他們也很容易從電視、同事、朋友那裡得到最新的流行資訊，然後加以模仿。

4.求安全、舒適的心理

顧客除了要求沙龍美容的服務人員有專業的技能外，更重要的是要求他們安全地操作，使用的設備和機械不要故障，與顧客直接接觸的物品、用品都經過嚴格的消毒處理，以免感染疾病。沙龍美龍中心的環境應該幽雅、舒適，使顧客的心理感到輕鬆愉快。

5.求尊重的心理

顧客要求在沙龍美容服務的整個過程中都得到尊重。

(1) 希望尊重主權

顧客的主權表現在他們的國籍、民族、興趣、習慣、經濟、年齡、性別特徵方面，顧客希望尊重他們在這些方面的主權。

(2) 希望服務人員具有熱情友好的態度

微笑使人感到和藹可親，能產生輕鬆愉快和賓至如歸的感覺。在詢問有關如何護理、保養髮質及皮膚、如何正確使用護髮護膚用品等方面的知識時，希望能得到滿意的回答。

(3) 希望「貨真價實」，「一視同仁」

顧客要求服務項目的價格要公開且合理。

9.1.2 針對美髮美容顧客要求，做好服務工作

1.沙龍美容中心的環境

服務人員要認眞、確實做好清潔工作，環境保持乾淨，地面、牆壁、天花板、窗戶均無灰塵，盆栽鮮艷無枯葉。

2.美髮座椅、美容床（設施）及設備

服務人員要經常檢查，要衛生清潔，機器無故障和安全操作。

3.美髮工具及美髮美容用品

沙龍室的美髮工具和其他用具應保持清潔，嚴格消毒。客人的布巾、毛巾要乾淨，不要有破損，用過的毛巾要及時換洗。

4.提高服務人員的素質，在顧客的心目中建立良好的形象

沙龍美容服務人員要按規定著裝，注意自己的裝飾，並適當化妝。在顧客來到時，面帶笑容，主動問好；顧客入座後，瞭解顧客需要並送上服務項目表，讓顧客自己決定，也要讓顧客瞭解各項服務項目的價格。對顧客提出的問題應耐心回答，滿足他們提出的要求，使顧客有被重視的感覺。顧客的被尊重感來自於服務人員熱心的服務態度。

5.提高沙龍美容服務品質，滿足顧客對沙龍美容的服務要求

沙龍美容中心的工作人員必須以專業的技術找出適合顧客的髮型、美容化妝設計。按服務規章和工作程序提供服務，在服務時要注意機器的操作安全，不能出差錯。

沙龍美容服務項目的價格要合理，服務內容要「貨眞價實」。服務人員對待顧客要一視同仁，不要以貌取人，對較有錢的顧客表現熱心，而一般的顧客置之不理。

小思考9.1

沙龍美容服務應注意什麼事項？

答案：1.注意清潔衛生，用乾淨的毛巾，消毒過的工具，有整齊的儀容等。2.美容中心不能有治療行爲，對有敏感性皮膚應建議到醫院皮膚科就診。3.不要使用不合格的保養品。4.不要以誇大不實的廣告招徠顧客。5.要提供最基本的美容諮詢、環境介紹、服務程序、物品保管、收費說明等服務項目。

9.2 導遊服務心理

導遊是引導餐旅顧客進行餐飲、旅遊、休息、購物等各項活動的安排者和服務人員，好的導遊還是最佳餐飲活動和旅遊活動的設計者。有人把導遊比喻成各項餐旅活動的節目主持人，是很有道理的。導遊要具備豐富的知識和生活經驗，他對自己帶領的團體要到的飯店、餐廳、旅遊景點必須十分熟悉，尤其要瞭解團員在餐旅活動各個階段的心理活動，才能提供良好的服務。

9.2.1 團員在餐旅活動中各個階段的心理需求

1.團員在餐飲活動三個階段的心理需求

餐飲活動一般可分爲三個階段：準備階段、用餐階段和結束階段。

(1) 餐飲團員在準備階段的心理需求

在餐飲準備階段，團員最想瞭解的是到哪個地方的哪家餐廳，交通是否方便，價格是否合理，口味如何等等。其次是搭乘何種交通工具前往。如四人以下時，他們希望搭乘計程車，四人以上十人以下時希望搭乘小巴士，團員人數多時則希望是搭乘旅行社的遊覽車。三，到了餐廳後，若是訂席的，團員希望能迅速安排桌次及座位；若是自助式的，團員希望導遊能建議他們選菜，以便吃到物美價廉的特色菜。第四，菜點好後，立刻遞上消過毒的毛巾、餐具給團員，迅速上菜。

(2) 團員在用餐階段的心理需求

團員用餐時，最希望飯菜可口、份量要充足，服務迅速，上菜不要太快也不要太慢。菜色若不好或難吃，團員會向導遊要求換掉或重新烹煮過；吃不飽時，會要求加菜等等。

(3) 團員在用餐結束階段的心理需求

團員用餐結束後，往往需要用茶、用牙籤、面巾等。菜有沒吃完的，有些團員會想打包帶走。

2.團員在旅遊各個階段的心理需求

(1) 團員在旅遊準備階段的心理需求

團員在旅遊準備階段，首先想知道當地的天氣、交通、食宿條件及旅遊景點的具體安排；其次是想儘快認識導遊，開始這幾天的相處。若有老弱婦孺，他們會希望能得到特別的照顧等等。

(2) 團員在旅途階段的心理需求

團員在旅途階段的心理需求，主要是考慮如何才能更迅速、安全、舒適和方便，最好是四個條件同時具備。所以現在飛機、火車、輪船上都有很好的娛樂、通訊設備，提供美味的餐點 ，有坐躺兩用的總統座椅等等。

(3) 團員在遊覽活動階段的心理需求

團員在到達目的地，解決食宿問題後，參觀旅遊景點就是他們的迫切要求了。他們在遊覽過程中最主要的心理活動，就是能看到他們想看的自然景色或人文景觀，聽到導遊熱情、詳細和風趣的介紹。

由於團員個性、興趣各異，導遊要善於協調和安排。團員在遊覽中，喜歡購買一些當地有紀念意義的小東西、土產、工藝品帶回去贈送親友，以此提高自己的聲望和地位。

(4) 團員在旅遊結束階段的心理需求

團員在旅遊結束階段的心理需求，一是會對此次行程作出評價；二是由於勞累，一般都想儘快地回到住處休息，準備回程。

3.針對團員的需求，做好導遊服務工作

(1) 接待前的準備

團員由於國籍、地區、年齡、職業、興趣各不相同，所以他們對導遊的服務會提出不同的要求。導遊應該做好遊客的心理預測和準備工作。首先，必須瞭解自己的導遊對象，做到「知己知彼」。一般來說，老年人、家庭婦女愛聽一些關於福利、生活和婦幼方面的情況介紹；教師、知識分子想要瞭解當地文化、教育發展狀況以及一些歷史、社會背景；商人和業務人員傾向於經濟發展、工農業生產狀況的介紹；中年人喜歡探討一些社會、政治國際問題；青年人則愛遊玩和娛樂。由於團員有不同的興趣和需求，所以導遊在接待前的心理預測和準備工作要做好。要考慮不同團員的需求，安排好團員的住宿問題、生活和旅遊活動的安排等等。

(2) 迎客服務

迎客是導遊工作的開端。在迎客時，必須給團員良好的第一印象，這是很重要的。導遊必須隨時留意自己的儀容、服飾、神情、用語和行爲，導遊對團員的態度要親切和藹，表現出誠摯的歡迎。

導遊對工作要進行周密的籌劃，例如，團員從機場、車站到飯店需用的交通工具及行李運送，住房、護照、簽證都要迅速、及時、妥善地安排。若拖拖拉拉、延誤會使團員煩躁不安。導遊人員在帶領團員上車時，要注意應有的禮節，關心老弱和患病的團員，親切熱情的致歡迎詞。在途中團員總是要求舒適，希望得到親切的照顧。導遊應介紹沿途的風光，適時播放一些有地方特色的音樂或戲曲，這樣可以消除團員的陌生感和疲勞感。團員到達飯店後，導遊要主動配合領隊，介紹飯店的設施，安排好團員的住房，儘可能在符合多數團員的前提下，安排好旅遊活動路線和內容。這些工作對成功的旅遊活動有很大的影響。

(3) 旅遊活動中的嚮導工作

導遊要好好的介紹沿途的風光，而且要關心團員生理、社交和購物的需要。導遊在旅遊活動中既是主要的安排者又是講解員，導遊的精神、面貌、文化修養、說話藝術和技巧都一直在影響團員的心理活動，要力求能使團員的身心獲得美好的享受。

第一，根據團員的興趣來安排活動。在介紹景點時要抓住團員感興趣的事物，掌握他們的情緒反應，針對他們感興趣的事物進行講解。團員初到一地對很多事物都感到新鮮、好奇，這時就讓團員盡情地飽覽當地的風光，只在關鍵的、重要的地方作些精闢的說明。千萬不能不顧團員的反應，呆板地背誦事先準備的導遊詞。有位導遊談自己的經驗時說：當我講的東西是他們很有興趣的事時，就發現每位團員都認眞在聽。如果我講的內容不合他們胃口時，我就會看到他們東張西望或目光集中於某一景物。這時就該轉變話題，講他們感興趣的事，效果往往很好。

第二，引起團員的注意力，用團員熟悉的事物來介紹。在導遊時可以根據不同的情況，去假設一些情境，主動地向團員提出一些問題和要求，來吸引團員的注意力。這樣可使團員從被動聽講變成主動發問，激起強烈的求知欲。例如，大陸杭州有一座斷橋，車到橋前，導遊要講述一段《白蛇傳》，這個優美動人的、帶有悲劇色彩的故事，常使團員反而對於善良多情的蛇妖——白娘子深表同情，非常關切她的命運。有經驗的導遊考慮到團員的心理，往往不會一口氣講完，而是把團員急於想知道的故事結局放在旅途中重過斷橋時再娓娓敘來。這樣把團員的注意力吸引到自己身上，使自己始終處於主導地位，取得較好的導遊效果。

團員要理解當前的事物，需要借助他們過去的知識和經驗。因此導遊向外國團員介紹時，應儘量把眼前的景物跟他們熟悉的事物聯想起來，使團員易於理解。例如，導遊陪日本遊客遊杭州靈隱寺，在介紹釋迦牟尼佛時，就可同日本奈良東大寺的大佛互相比喻，對兩佛的高度、材質、藝術風格和造型手法進行對比，說明各有千秋。日本遊客會感到既親切而又有興趣。

第三，充分發揮說話技術。導遊的說話技術是很重要的工具之一，它能激發團員的興趣。導遊在講解時，發音要清晰，用詞要準確，這樣才會引起團員的注意，滿足求知的欲望。同時聲調也要柔和悅耳，言詞娓娓動聽，節奏抑揚頓挫，風格詼諧幽默，情感眞誠。因爲只有借助自然流暢、談笑風生的講解，才會讓團員在聽覺和情緒上得到滿足，達到良好的效果。

導遊的說話技巧主要表現在以下三個方面：

言詞的準確性。導遊在講解時，必須言之有物，用詞恰當。

在講解景物的背景、形態、特徵、功能以及知名度時，批評要恰當，要言之有據，不可信口亂編。另外，導遊要根據遊客的不同情況運用不同的語言、語調進行講解，不能千篇一律。如果對象是專家學者，應注意謹愼用語；對初訪者則要熱情、詳盡；對年老體弱者應力求精簡；對教育程度較低的團員，用語要通俗；對年青人應活潑流暢等。在景物引人入勝，團員觀賞情緒高漲的場合，解說應簡潔明快；在景物單調或與其他景物相類似的場合，只須說明相異之處就可以了。

言詞的科學性。導遊的語言除了要準確、實在以外，還要有科學性。導遊應該是教育程度高，獨立性強和組織能力較強的人。要應該準確掌握有關的政治、歷史、地理、文學藝術和天文、考古等方面的知識，外語能力要強。透過導遊的工作，宣傳我國悠久的歷史和文化，使團員看到我國的壯觀的地理環境和獨特的自然資源，要知道「導遊是國家最好的大使」。

言詞的生動性。導遊在介紹時，如果像背誦書本一樣的呆板、單調，往往會使團員在心理上產生不耐煩或厭惡的情緒。導遊的講解應該要生動，而且要有幽默感。幽默的用語不僅可使聽者莞爾一笑，放鬆心情，還可以提昇氣氛，提高團員的遊興。例如，一位美國老婦人，在花蓮旅遊時不小心給石頭絆倒，頭部碰破，流了血。國內團員既緊張又憂慮，導遊全力救護止住了血。但老太太血一止就坐起來說：「我喜歡花蓮的大理石，忍不住親它一下。」導遊馬上說：「我一定送你一塊花蓮最美的石頭留作紀念。」他們幽默的話語，頓時使全場展現笑容，緊張的氣氛馬上就緩和下來。

導遊還要注意正確的語音、語調，其聲音高低、音量大小也要適度。聯邦德國哈拉爾德・巴特爾在《哈格導遊》一書中談及用語時指出：「講話的藝術在於適中。」其次，導遊的語調既要準確，也要富於變化，使自己的講話語調聽起來比較悅耳動聽、親切自然。這樣的語調才具有感染力，能打動團員的心弦，獲得良好的效果。

小思考9.2

遊客對旅行社的心理需求有哪些？

答案：服務一致性或功能完整；講求品質和信譽；路程安排和價格合理；導遊水準高。

9.3 康樂服務心理

「康樂」字面上可解釋爲健康與娛樂，飯店的康樂內容主要包括運動與娛樂兩類。運動包含著健身及一般運動，這些活動大都在飯店室內進行，有的以現代化機械代替室外的運動器具，例如，室內跑步器、保齡球、室內游泳池、自行車和各種現代化鍛鍊器材等；有的在室外，例如，網球、高爾夫球和和室外的露天游泳池、溫泉泳池、沖浪等；還有按摩室、SPA、沙龍等。飯店娛樂的內容更爲廣泛，例如，卡拉OK、PUB、現場演奏等等。所以一些四星級以上的飯店與海濱渡假村，都特別重視這些健身與娛樂活動的設施。有些飯店還有按摩師、醫生和其他經過訓練的專業人員爲旅客健身、鍛鍊、減肥、美容等提供服務，使旅客的身心得到極大的放鬆，從而滿足他們休閒的心理和生理需求。西班牙的夜生活、陽光與沙灘，被譽爲旅遊業的三大支柱。西班牙旅遊行銷部長認爲：文化旅遊是九十年代發展的方向，因此要投入90%的人力、物力著重推銷文化旅遊。現在國外已出現了「地中海俱樂部」等以健身活動爲特色的國際連鎖渡假村。

透過康樂活動，能提高旅客的身體機能和精神。而從飯店經營管理的角度來看，有了康樂活動，就能使飯店在旅客的心目中樹立起完美且舒適的形象，從而提高它的聲譽和經濟效益。

9.3.1 健身、按摩和運動服務心理

1.旅客對健身、按摩和運動服務心理需求

(1) 旅客對健身的需求

旅客對健身的需求是多方面的，形式也是多樣的，有一般運動與重點運動之分。一般運動指活動筋骨、體操、跑步等；重點運動指各項專門運動，例如，舉重、騎自行車、玩保齡球、打高爾夫球等。

(2) 旅客對健美的需求

健美也是現代文明的心理需求，有體形健美、臉型健美、髮型健美三種。體型健美可以在健身房中得以實現，臉型、髮型則可以在按摩、美容過程中加以實現。

(3) 旅客對安全和衛生的需求

旅客爲了達到自己健身的目的，總是盡情地運動或享受，所以安全是很重要的問題。運動場所客流量較大，使用頻繁，尤其是設備和器材經過許多客人的使用，清潔衛生工作十分重要。運動器材要堅固、完好，設施和場所要乾淨，才會給旅客帶來愉快的心情，而且會給他們帶來賓至如歸的感受。

(4) 旅客對趣味性的需求

旅客對體育項目除多樣化的要求外，而且要有一定的趣味性。但是，歐美的項目與亞洲不同。如「圍棋」是東方人喜愛的項目，桌球、保齡球、高爾夫球則是西方人酷愛的項目。 康樂活動則應讓東方人和西方人都能享受到不同項目的樂趣，因此，活動項目一定要多樣。

2.針對需求，做好服務工作

（1）體育活動的服務

旅客需要鍛鍊體魄，活動筋骨，飯店應要有專門的游泳池、健身房、網球場和高爾夫球場等場地和設施，其中網球、壁球、高爾夫球是運動量較大的體育活動，服務人員的體力、能力都要很強。這三種球場可讓旅客隨意進行健身的練習和比賽，也可以根據旅客的意見提供陪打人員。這些體育場地的服務人員應對這些體育活動熟練精通，必要時能加以正確指導。乒乓球、排球、保齡球是運動量較小的體育活動，除了提供技術指導，陪打人員外，還可以安排旅客進行隨意性的比賽，以增加旅客的興趣。

（2）健美、按摩的服務

旅客除了需要健身之外，還有對愛美的需求。所以沙龍應根據旅客的特殊要求，以自己專業的技術，讓旅客滿意而歸。

按摩是我國古老的健身術，有強身祛病、舒筋活血之功效，應儘可能讓旅客享受道地的按摩。當然，按摩師必須經過訓練，才可替客人服務。健美項目中，三溫暖也是很受歡迎。除了可進行一般的乾浴、濕浴外，還可模擬大自然陰、晴、風、雨而創造出不同的環境，旅客能在室內聽到悅耳的鳥鳴、隆隆的雷聲和嘩嘩的海浪聲，享受到豐富而舒暢的戶外生活。

（3）環境、設施清潔和安全的服務

服務人員要保持游泳池、健身房、各種球場等場所的內外環境整齊清潔；各種旅客用品及健身器材、物品要完好和齊全；傢具、燈具和各種設備要清潔，擺設整齊美觀，維護保養要仔細認眞，及時檢修，以保證能讓旅客安全使用。

球類和棋牌室服務人員要主動爲旅客安排好場地和桌子，準備好各類球具、用品，及時爲旅客提供飲料及拾球、記分、陪打

等各種服務。

9.3.2 娛樂服務心理

1.遊客對娛樂服務的心理需求

(1) 新奇性的需求

新奇性是指用以吸引遊客的事物或現象必須新鮮、奇特。遊客身在異鄉客地，希望能多欣賞到一些與本國不同風土人情的節目和活動，其目的就在於追求新奇。這樣可以刺激和鬆弛自己的神經，解除疲勞，在生活中保持旺盛的體力和精力。

(2) 美觀性的需求

遊客參加娛樂活動、欣賞文藝節目有追求藝術美的需要。他們要求環境高雅，設備現代化；希望在文藝節目的觀賞中，看到濃郁的地方特色和民族風格，在生理上和心理上都得到美的享受。

(3) 綜合性的需求

娛樂活動和遊客安排的文藝節目應該要有多種內容、多種形式。這樣才能吸引不同類型的遊客。遊客要求娛樂項目要多樣化，內容要豐富，形式要有變化、新奇，要創造新的娛樂節目才能滿足遊客的綜合需求。

(4) 舒適、方便的需求

各種遊樂設施必須滿足遊客要求舒適、方便的心理。設備和用具應方便使用，要容易操縱。出租遊艇、吉普車、碰碰車時，遊客要求手續簡便，儘量做到一次收費。這樣既方便遊客，又免除亂收費之嫌。新奇的設施應有專人管理，負責教會遊客正確的使用方法，讓遊客感到方便親切。

(5) 經濟性的需求

娛樂活動服務項目價格的制訂基本上應本著「薄利多銷」的原則。因爲大多數遊客的經濟狀況是普通，他們希望娛樂活動項目的價格不是要太貴，否則會玩不起；有些遊客則要求「物有所值」。

2.針對需求，做好服務工作

(1) 開發新的旅遊項目

首先，開發要以遊客的心理要求及旅遊欣賞趣味爲取捨依據，而不能以服務工作人員的情感好惡來決定。旅遊設施應該是新奇，有特色的。新奇的事物會使人產生遊興。

(2) 突顯民族和地方的美學特色

娛樂活動（包括：人妖秀、原住民歌舞表演、趨魔舞蹈）應具有獨特的美感，給人多種美的薰陶，演出節目的劇場、大廳、休息室甚至於走廊都有環境設計和裝飾的問題。凡是遊客接觸的環境、座椅、用具都應以精緻靈巧的裝飾爲主，不同場合運用不同的裝飾以添增環境、設施的藝術美感，而不使遊客感到單調乏味。強調節目的安排應突顯民族和地方的特色，強調地方特點和民族風格往往可以收到較好的效果。最好使遊客也能切身體會到異國情調。如泰國的潑水節，巴西的嘉年華會、西班牙的番茄節，均具有濃郁的異國情調，吸引了大批海外遊客。

(3) 舒適、方便的設施和服務

娛樂活動場所的環境和設施要滿足遊客的各種需要，使他們能夠在舒適、愉快的氣氛中活動。例如，外國遊客欣賞原住民歌舞表演，如果同時也讓遊客一起參與跳舞，穿上原住民傳統服裝。遊客在旅遊景點照相，如果弄些有地方特色的藝術照相、古裝照相或民族服裝照相，必定使遊客興致倍增。劇場環境、設施，甚至座椅都應考慮旅客的舒適和方便。如義大利維羅納市的阿雷納劇場是一個古羅馬時代修建的露天劇場。它演出各種劇目時，不僅能買到義、德、法、英四種文字印刷的劇情介紹，還可臨時租用坐墊，下雨可隨時買到雨衣。演出結束後，住宿不在本市的觀眾可由專車送往其他城市。旅遊設施服務的周到和方便，由此可見 一斑。

(4)「物有所値」——合理的價格

在飯店競爭和行銷策略中，適當的定價政策是成功的前提。定價政策主要包括價格的前期調查研究，瞭解市場的供需情況，確定價格的原則和目標，依據某種方法制定價格等內容。

小思考9.3

舞廳、卡拉OK廳服務人員的心理策略是什麼？

答案：

1.設備完善：舞廳的舞池、燈光、音響設備，要做到安全、無故障、使用方便、整齊清潔，爲顧客提供設備舒適、氣氛高雅的環境。

2.熱情待客：顧客來到時，要熱情問好，在整個服務過程中，要表現出輕鬆、歡樂的氣氛。

3.注意安全：舞廳與卡拉OK廳要防止不正當行爲發生。

9.4 探險旅遊心理

探險是「到從來沒有人去過或很少有人去過的地方考察」或者「以獨特的方式和方法去歷險旅行、考察」。探險活動有個人的， 也有群體的。大規模的如當代美國集合數萬人的智慧，耗資數億，終於把人類的足跡印在月球表面。

探險是具有挑戰性的。在未知的「世界」佈滿了難以預測的陷阱，而那些出類拔萃的探險者總要冒著生命的危險，不斷地去征服和探索。他們爲了人類的共同利益選定目標，而這些目標是人類關心的，是前所未及。探險者憑藉堅強的意志，不屈不撓的毅力，臨危不懼的膽量，冷靜沈著的智慧，再加上他們寶貴的生命，進行探險工作，從而譜寫出無數可歌可泣的事蹟。

日本人植樹直己自幼喜歡登山、探險，大學畢業後開始單身探險的生涯。他以極其簡陋的工具，隻身一人登上歐、非、南北美洲的最高山峰，利用自製的簡易木筏漂流亞馬遜河，險被「食人魚」吞噬，隻身到達北極探險考察。一九七八年，他用一台由十七條小犬牽拉的雪橇，歷經五十二天，行程二千六百五十公里，戰勝零下42℃的嚴寒和暴風雪的襲擊，冒著生命危險，憑著他的勇敢、毅力和智慧，戰勝了難以想像的艱難險阻，終於實現了隻身北極探險的理想。爲此他榮獲體育運動的諾貝爾獎。

有「中國的托馬斯」，「當代的徐霞客」之稱的餘純順，他從一九八八年七月至一九九六年六月，「隻身徒步走訪全中國」後在羅布泊遇難。八年間他克服千難萬險，風餐露宿，跋山涉水，走訪了三十三個少數民族的主要居住，完成五十九個探險項目，總行程達8.4萬哩（接近了阿根廷人托馬斯九萬餘哩的世界紀錄）。他以多半的時間冒著土石流、雪崩、高原效應等危險穿越海拔五千米左右的「生命禁區」，創下人類史上第一個隻身徒步考察「世界第三極」青康藏高原的紀錄而震驚海內外。他沿途寫下了數百萬字的日記、遊記，記錄了中國各地的自然景觀、民俗風情，成為中國國土民情的珍貴資料。近年來，越來越多的人希望參加探險活動，泰國的一些旅行社開始發展探險旅遊，既滿足了部分遊客的心理需求，又創造了可觀的經濟收入。二十一世紀，探險旅遊將會繼續發展。

9.4.1 探險心理

1.好奇心

凡是探險者都具有這樣的心理特點，他們對於新奇事物或現象產生極大的興趣和注意的心理傾向。他們不斷的追求新奇，感受刺激，在追求、新奇事物的過程中獲得知識和歡樂。

2.「知難偏要上」的態度

探險者所以浪跡天涯，這固然是基於天性浪漫和渴求更多知識，更重要是他們渴求精神上的更大滿足。在旅行時，探險者往往選擇艱險的道路和旅遊方式達到旅行的目標。他們認為惟有艱險無比，才能顯出英雄本色。

3.探索「生命的意義是什麼？」

這是探險者和旅遊者思考的重要問題。他們往往以獨特的方式表達自己對生命的理解，以及對整個世界和人類的關注。他們在旅行中會看到自然景觀、地理環境、民俗風情和宗教活動，更會看到人為了生存與自然的鬥爭，人類之間的合作和情誼。這樣可以啓發人們認眞思考「生命的意義是什麼？」探險者認為吸引他們的並非旅行的最終結果，而是旅行途中的過程，是旅行的本身。正如探險家餘純順所說：從來也不在乎是否會記錄首位隻身徒步征服「世界第三極」的成功者的名字，但在乎這位成功者應該是中國人。探險家這樣的思想境界、心態和這樣的豪言壯語將會激勵越多人去思考「生命的意義是什麼？」去參加探險活動。

9.4.2 探險的意義

探險者透過旅行，逐步形成遠大高尚的情操，眞正成爲遼闊大地的兒女，知識淵博和心靈自由的人，他們也在生活中成爲富有同情心的人。探險旅遊會讓人感到人生是如此的渺小和短暫，宇宙是那樣的遼闊和深不可測，教育人們要珍惜自己存在的價值，惟有眞正感覺過的事物才能得到領悟，而多一次領悟，就多增添一盞引領你步入達觀人生佳境的明燈。

探險旅遊在國際上方興未艾，有遠見的餐旅業者，特別是旅行社的經理人，應該儘快開發這個對年輕人很有吸引力的旅遊項目。我國尙未開發的觀光資源很多，開發探險旅遊的潛力很大，應積極發展我國的探險旅遊。

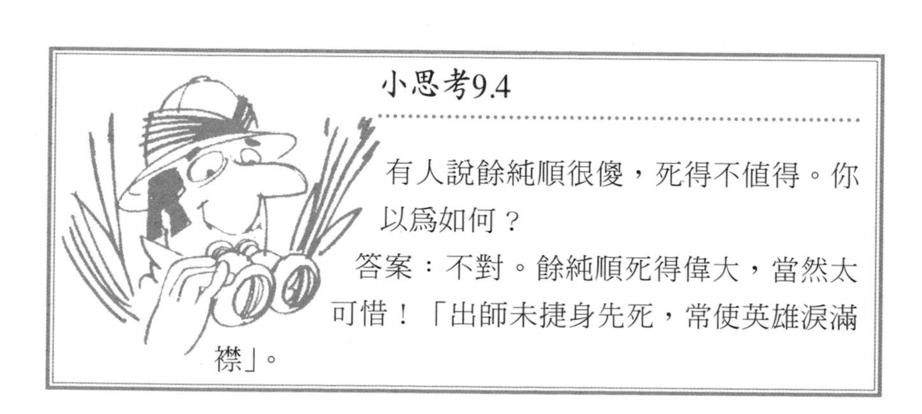

小思考9.4

有人說餘純順很傻，死得不值得。你以爲如何？

答案：不對。餘純順死得偉大，當然太可惜！「出師未捷身先死，常使英雄淚滿襟」。

案例分析

一九九四年十一月的一天，北京長城飯店健身房中心三溫暖的顧客很多，生意忙碌。爲確保顧客健身安全，飯店專派安全人員負責巡視，她一路仔細觀察，來到女賓部。在一間浴室裡，她意外發現，有一位女客臉色慘白，斜倚在牆壁上，四肢不停地抽搐。安全人員分析，這位顧客一定是蒸氣室的高溫缺氧所致。這十分危險，稍一拖延便可能危及性命。她立即找來教練。兩人把已昏迷的顧客抬出，平放到通風的安全處。同時，安全人員又讓別人與客房部經理聯繫，報告情況，並請醫生迅速前來搶救。爲保證萬無一失，飯店還打電話叫救護車，請求送往附近醫院。

上述工作都是在短短幾分鐘內完成的。顧客在飯店醫務人員的及時搶救下，漸漸恢復知覺 ，脫離險境。此時，醫院的醫生也及時趕到。

經醫院診斷，顧客是位心臟病患者。確實由於蒸氣室的高溫環境導致了心跳過速，舊病復發。由於及時發現和急救妥當，病人不久就出院。

病人家屬最後傳眞一封感謝函給飯店，病人也對救命的安全人員感激不盡。

思考題

1.在三溫暖的服務和管理中應該先注意什麼問題？爲什麼？

2.安全人員是如何處理突發事件的？

關鍵概念與名詞

沙龍美容客人的心理需求	團員在遊覽活動階段的心理需求
遊覽活動中的嚮導工作	健身、按摩和運動服務心理
娛樂服務心理	探險心理

本章摘要

本章分析了旅客在沙龍美容、導遊、康樂方面的心理需求，並闡述了針對顧客需求提供優質服務的要求和方法。本章也對探險心理作了初步分析，闡述了探險的定義、探險者的心理以及探險的意義。

練習題

9.1 沙龍美容中心應該如何提供「針對個人」的服務？
9.2 什麼是康樂服務？說明它在飯店中的作用。
9.3 導遊說話技巧的「四個原則」是什麼？
9.4 是簡述探險者的心理。

習題

9.1 沙龍美容顧客一般的心理需求有那些？應如何服務？

9.2 導遊應具備那些特質？爲什麼？

9.3 如何對團員需求做好導遊工作？

9.4 如何對旅客需要做好健身、按摩和運動服務工作？

9.5 如何對遊客需要做好娛樂服務工作？

9.6 什麼叫探險旅遊？它有什麼意義？

第10章

顧客抱怨心理及處理

學習目標

10.1 顧客抱怨的原因
10.2 顧客抱怨心理分析及處理
案例分析
關鍵概念與名詞
本章摘要
練習題
習題

學習目標

1.瞭解顧客抱怨的原因。
2.學會顧客抱怨的心理分析和正確處理顧客的抱怨。

10.1 顧客抱怨的原因

10.1.1 抱怨的概念

抱怨是指顧客將他們主觀上認爲服務工作的差錯，而引起的不滿，或者損害他們的利益等情況向服務人員提出或向有關部門反應。從理論上和願望來說，餐旅業的各個部門（櫃檯、餐廳、客房、購物中心與娛樂部門等）都想爲顧客提供最好的服務，吸引顧客和增加客源，提高企業知名度和經濟效益。但實際上，由於主觀和客觀方面的原因，難免發生一些問題，引來顧客的抱怨。餐旅業要處理好顧客的抱怨，這也是爭取顧客諒解、提高服務品質的重要措施。因此，研究顧客抱怨的原因、抱怨心理及如何處理是很重要的。

10.1.2 顧客抱怨的原因

引起顧客抱怨的原因有很多種，歸納起來，有主觀和客觀兩方面的原因。

1.主觀方面的原因

(1) 由服務態度引起的

顧客都希望得到熱情的接待，受到尊重。但有的服務人員接待客人時不主動，不熱情，也不講究禮貌；有的服務人員將客人分成等級，以財取人，以貌取人；有的服務人員對客人的詢問、要求退換商品置之不理，冷若冰霜，態度生硬；有的服務人員不理會顧客提出修理設備或調換房間的要求，招來顧客的不滿；有的服務人員說話粗魯，不注意用語修辭，頂撞顧客；有的服務人員對客人的服飾、打扮品頭論足，諷刺挖苦；有的服務人員不尊重客人的生活習慣；有的服務人員在工作時間與同事聊天，做私事，對顧客點菜或挑選商品顯出不耐煩的態度，都會引起顧客不滿。凡此種種都會導致顧客的抱怨。

(2) 由服務設施引起的

客人希望餐廳、客房、交通工具、娛樂設施都盡善盡美。若設施損壞，殘缺不全，就會引起心理的不滿意。例如，餐廳的桌椅殘破、骯髒，茶杯、餐具破損；客房的空調不運轉；抽水馬桶漏水、浴缸下水道堵塞，電話故障；床具潮濕；三溫暖蒸汽不足；高爾夫球場草皮品質差等等。如果這些設施不能很快修好或更換，顧客都有可能會向有關部門抱怨，並要求賠償損失。

(3) 由飲料、菜餚品質引起的

飲料過期變質，甚至有假酒、冒牌飲料；菜餚變味變質或烹調不當，使顧客無法下嚥，也都會使顧客不滿，引起抱怨。

2.客觀方面的原因

引起顧客抱怨的客觀原因主要是設備老舊，沒有及時修好或更換，不符合現代化要求等等。例如，大熱天沒冷氣；電梯突然壞了，將顧客關在裡面；浴室的洗臉盆旁邊沒有電源插座，導致客人使用電器不方便等。

除了以上分析的各種原因外，還有服務收費不合理，客人在結賬時，發現帳款有出入；需要的服務項目沒有，客人也會有意見；客人在餐廳點菜，菜單上有，廚房裡沒有；客人要的某種飲料，餐廳裡沒有準備；客人在飯店叫不到計程車；物品遺失等都會引來客人的抱怨。但也有個性極端的客人因自己的個性問題，因自己的情緒把氣出在服務人員身上，而提出抱怨。

10.2 顧客抱怨心理分析及處理

10.2.1 顧客抱怨的心理分析

1.求尊重心理

在整個餐旅過程中，顧客求尊重的心理一直十分明顯，而在抱怨時這種心理更加突顯。他們總認爲自己的意見是正確的，希望受到應有的重視，要求別人尊重他的意見。希望向他表示歉意，並立即採取行動，適當地處理抱怨。

2.求發洩心理

顧客碰到使他們煩惱的事情或被諷刺挖苦之後，心中充滿了怨氣、怒火，就利用抱怨來發洩，以維持心理平衡。例如，美國兩位女大學生利用暑假到瑞典奧斯陸旅遊，她們出發前寫信給奧斯陸的一家飯店預訂了一間雙人房，並且已跟飯店確認。但是，當她們到了飯店時發現，爲她們安排的雙人房的浴室是和隔壁房間合用的。她們認為飯店將她們的房間搞錯了，再三要求調換，也沒有換成。一氣之下，她們住到另一家飯店去了。事後，兩位小姐向飯店總經理抱怨，強烈要飯店應該為這個事件給她們帶來的不愉快以及服務人員的無禮態度向她們道歉。

3.求補償心理

顧客自身的利益受到損害而向飯店抱怨時，希望能夠補償他們的損失。例如，西班牙顧客阿巴萊斯夫婦到瑞典的斯德哥爾摩旅遊，他們上街購物。在街上買了一件精緻華美的雕花玻璃瓶，以作為這次北歐旅遊的紀念。當他們買下了這件雕花的玻璃器皿後，便當場委託商店將它送到飯店去。傍晚，他們回到了飯店，發現送來的物品中缺少他們最喜愛的那件雕花玻璃瓶。於是他們去商店詢問，商店裡的人說，他們已將物品送到飯店的服務台，而且有飯店服務人員簽收的收據。他們又急忙去飯店詢問，服飯店表示，有代收東西，可是怎麼也找不到。阿巴萊斯夫婦向飯店經理抱怨，並提出2,000克朗全額賠償的要求。

10.2.2 對顧客抱怨的處理

1.耐心誠懇地聽取意見，表示同情和理解

一定要記住：顧客永遠是對的。因此對顧客的抱怨一定要非常誠懇、耐心地傾聽，讓客人能夠發洩，使激憤的心情逐漸冷靜下來。這樣有利於弄清事實的來龍去脈，問題才能順利地解決。千萬不要認為顧客抱怨是對個人的指責，急於去爭辯和反駁，給顧客造成不接受意見的印象，使其盛怒而去，影響飯店名譽。

2.認真調查，弄清事實

客人在抱怨後希望別人認為他的抱怨是正確的，是值得同情

的。另一方面，顧客在抱怨時，對飯店的工作人員會有一種戒備心理。因爲他們認爲，飯店的人是站在飯店那一邊的。針對顧客的這種心理，要把抱怨的顧客當作需要幫助的人，這樣才能造成解決問題。如接到顧客抱怨後，應先表示歉意，請他坐下來慢慢講。有可能的話，應邀請他到辦公室，提供免費的飲料或泡一杯茶，仔細聽他傾訴。並在適當的時候，向顧客表示同情，做好有關的記錄，爲妥善處理抱怨作好準備。然後，迅速派人向相關服務人員瞭解事情的經過，儘快弄清事實。

3.根據不同情況，恰當處理

在接受顧客抱怨後，要善於分析，迅速果斷地處理。若是屬於一般服務工作的失誤或態度問題，應立即向客人致歉；若屬於餐點問題或客房設施破損，應立即將予調換；如果有些事情的處理確實超出了自己的權限，應立即向主管請示，儘快採取措施，予以解決。如果是顧客的過分要求，一時無法解決的，也要耐心地向客人解釋，取得諒解，並請客人留下姓名和住址，以便日後告知最終的處理結果。總之，要把處理好顧客的抱怨當成重新建立自己企業聲譽的機會，當成不斷改進服務品質，提高服務水準的動力。

案例分析

一九九五年三月的一天，日本加藤先生一行十五人住進浙江紹興某飯店。過了一個多月，由於飯店在某些服務上的失誤，使顧客深感失望。他們難以忍受，決定退房，住到另一家飯店。走時，加藤先生說：「在大陸是這樣的，在大陸也只能是這樣的。」

這個事實引起飯店各部門很大的震憾。總經理要求各部門就結賬、外幣兌換、傳眞、衛星收視、餐點價格等問題，進行深入的檢查和反省，進一步檢討工作程序，將改進措施落實到每個環節、每個人。同時還要求公關與日本客人保持聯繫，增進感情，盡力彌補過失。他們每隔幾天就打電話詢問日本客人的近況，瞭解他們的生活習慣和娛樂生活的安排。他們還特意利用餐廳裝潢新開張營業之際，邀請日本客人光臨飯店用餐。飯店總經理向他們敬酒，並爲以前發生的服務品質問題再一次表示歉意。飯店的誠意感動了日本客人，當飯店公關再次向他們發出用餐邀請函時，一個令人欣喜的轉機出現了：日本客人詢問飯店是否眞誠地歡迎他們回來。銷售部經理立即明確表示，非常衷心地請他們回來，爲了能重新得到他們的信任，飯店全力提供熱情、周到的服務。

五月初的一天上午，加藤先生等十五位日本客人，在飯店總經理率公關部和各部門經理的歡迎下，在有服務人員的一路微笑和問候聲中，輕鬆、愉快地重返這家酒店…

思考題

1.日本旅客爲什麼要離店而去，後來爲什麼又重返酒店？

2.飯店是如何處理旅客投訴的？結合案例說明。

關鍵概念與名詞

顧客抱怨的原因	求尊重心理
求發洩心理	求補償心理
對顧客抱怨的處理	

本章摘要

本章主要說明顧客抱怨的心理，並對其原因加以分析，提出對策。因爲客人的抱怨對餐旅業具有重要的意義，它是對企業服務的眞實評價，又是企業提高服務品質的動力。

練習題

10.1 正確處理顧客抱怨的意義是什麼？
10.2 飯店對顧客抱怨的正確態度是什麼？

習題

10.1 顧客抱怨的原因有哪些？
10.2 顧客抱怨的心理是什麼？
10.3 如何正確處理顧客的抱怨？

附錄

本書各章練習題參考答案

1.1　心理學是研究人的心理和行爲的科學。

1.2　心理的特質是人腦的活動及其外部的行爲。

1.3　多血質的特點是：活潑、好動、敏感，反應迅速，喜歡與人交往，注意力容易轉移，興趣和情緒容易變換，具有外傾性；粘液質的特點是：安靜，穩重，反應緩慢，沉默寡言，情緒不易外露，注意力穩定並不易轉移，善於忍耐，具有內傾性；膽汁質的特點是：直率，熱情，精力旺盛，脾氣急躁，情緒興奮性高，容易衝動，反應迅速，心境變換劇烈，具有外傾性；抑鬱質的特點是：情緒體驗深刻，孤僻，行動遲緩而且不強烈，具有很高的感受性，善於發現細節，具有內傾性。

1.4　內向型的人往往愛好學習，沉默寡言，不善與人交際；他們目的性強，時間觀念嚴格，做事按部就班，一絲不苟，善於思考分析；他們不大喜愛熱鬧盛大的場面，喜歡獨自活動；他們參與餐旅活動時，一般要求到熟悉或瞭解的地方去，搭乘坐熟悉或自認爲保險的交通工具，吃愛吃的食物，住房人要少，最好不要有生人等等。外向型的人，則與內向型的人相反：他們好動、熱情、容易高談闊論；他們善於與人交際，常常一見如故；他們目的性不強，常因臨時發生的事或遇到熟人影響及工作生活計畫；他們不愛動腦子思考，隨和，做事容易丟三落四；他們大方、心胸比較開闊，喜歡冒險，喜歡人多熱鬧的環境；他們參加餐旅活動時，常常要求到新、奇、有刺激的地方去，吃沒有吃過的食物，搭乘快速的交通工具等。中間型個性的人或中間偏內向型、中間偏外向型的人一般都是以內向型個性爲主兼有某些外向型個性特點或以外向型個性爲主兼有某些內向型個性的特點。

1.5　能力有與生俱來的，又有後天在生活、工作中累積和發展起來的。「人的能力有大小」，但能力是可以透過學習、鍛鍊來提高的。

1.6 人的個性心理特徵表現在氣質、能力、性格等方面。

2.1 我國餐旅業的特點：第一，餐飲在旅遊中占有重要地位；第二，我國旅遊資源多姿多彩。

2.2 餐旅心理學的目標和作用有下列幾項：一，探索餐旅顧客的心理和行爲；二，結合我國餐旅管理和服務的經驗，研究管理人員和服務人員的心理特點；三，研究餐旅服務過程中主、客雙方的心理和行爲。

2.3 研究餐旅心理學的依據是：堅持辯證科學主義的觀點，充分利用普通心理學和應用心理學的成果，結合餐旅的實際工作，重視相關學科的橫向發展。

2.4 如餐廳服務員可以觀察不同年齡、職業、性別和籍貫的顧客對一種新菜色的反應，客房服務員觀察不同顧客進入客房一剎那對客房的「第一印象」等等。

3.1 知覺是事物直接作用於感覺器官在人腦中的反應。

3.2 錯覺是完全不符合刺激事物本身特徵的錯誤或扭曲的知覺，也就是說，錯覺是人腦對事物錯誤的反應。

3.3 知覺的一般規律有五個：相對性，選擇性，整體性，恆常性和組織性。

3.4 自我知覺是一個人對自己的心理活動和行爲的認識，即一般所說的自我感覺。自我感覺決定一個人行爲的基本狀態及生活態度。第一印象就是第一次見到的人或事物（可能只是事物的局部）給予觀察者的印象。這種印象往往比較深刻，會影響對這一事物今後的其他判斷，也會影響對該事物全面性、整體性的判斷。

3.5 一，文物古蹟眾多；二，自然風光秀麗多姿；三，豐富可口的中國餐飲。

3.6 餐旅顧客風險知覺主要有五種：功能風險、資金風險、社會風險、心理風險、安全風險。

3.7 興趣依性質可分爲積極的興趣和消極的興趣，或健康的興趣和不健康的興趣；依工作關係或時間分，可分爲直接興趣和間接興趣。

3.8 餐旅顧客興趣的一般特點是：個性差異形成興趣的多樣化；興趣的廣泛性不一 致。

3.9 需要的特點：一，需要是指向特定的事物對象，而且受一定條件的限制；二，需要會形成習慣；三，需要會週期性的重複出現；四，需要有發展的趨向。

3.10 需要有五個層次，由低到高是生理、安全、社交、尊重和自我實現。

3.11 產生餐旅動機的條件有九個：經濟、時間、交通、設施，餐旅觀念加強，現代通訊和傳媒事業發達，消費觀念轉變，健康條件和休閒的現實需要。

3.12 本書認爲餐旅動機有健康動機、購買動機、文化動機、交際動機和業務動機。

3.13 態度的形成受到個人既有的知識、經驗、動機等等知識因素的影響，同時也受到個人對事物的情感和意向的影響。

3.14 一，要更新餐旅產品，不斷提高餐旅產品品質；二，要大力開展餐旅宣傳；三，可不惜工本，組織各種小型餐旅活動。

4.1 青年情侶有「白馬王子型」、「孔雀公主型」、「相互依戀型」和「若即若離型」 四種。

4.2 家庭餐旅活動分爲青年階段、中年階段和老年階段。

4.3 國內餐旅群體有四種：企業家群體，政黨幹部、公務人員、專業技術人員群體，富裕起來的農民、勞工及青年學生群體，少數民族和宗教界人士群體。

4.4 餐旅群體的一般需求可歸納為五個方面：一，追求美好的享受；二，追求新、奇、美、險的刺激和感受；三，希望得到舒適的服務；四，需要得到社交和友誼；五，希望餐旅商品物美價廉、「價平質優」。

4.5 決策是人們在搜集、分析大量訊息，結合自己的興趣、動機、需要等複雜的心理活動，最後決定要採取某種行動的過程。

4.6 決策受知覺、興趣、態度、動機、個性等心理因素的影響。

5.1 觀光型旅客，以遊覽觀光為目的，喜歡選擇離旅遊景點較近或與幾個旅遊點距離適中的飯店住宿，以節省路途往返時間，避免由於乘車趕路而產生時間上緊迫感和生理的疲倦，而有更多時間仔細參觀遊覽。會議型的旅客以研習、開會為主要目的，他們希望在清靜、離市區較遠或離風景區較近的飯店住宿，以便在開會、研習之後，能就近欣賞自然景觀和人文景觀。商務型旅客，以外出洽談、辦公、購物、貿易為目的，喜歡選擇位處於市中心、交通便利、離辦公地點較近的飯店，以便掌握資訊，交通便利，儘快完成公務活動，在公務之餘，有便捷的交通可以遊覽重要景點。

5.2 飯店建築外貌的高度、造型、色彩、材料等諸因素的合理配合，能形成其獨特新穎的建築風格、藝術形象，誘發旅客的豐富聯想，產生獨特的美感。現代式建築呈現千姿百態 ，以柔的流線，剛的挺拔，方的規矩，弧的韻律，構成美的時代交響曲，給人美的享受。旅客住進現代化飯店，既能得到高級享受，又能滿足他們顯示自己地位和聲望的心理需求。仿古式建築對現代社會的人們，是對往昔生活持有一種懷舊情緒的需要，因應旅遊者探索中國古代文化奧秘的心理需求。外國人住進仿古建築，既是一種享受，又滿足他們求知好奇的心理。鄉土式建築，體現了古拙、純樸、清新的鄉土風味，使久住城市的旅遊者能改變生活環境，觀賞自然美，領略鄉土情調，山野情趣。各式各樣國外的幾何形建築，滿足旅遊者追求新奇的獵奇心理。

5.3　旅客對室內環境的心理需求首先是整潔；其次是安靜，嚴格控制噪音；再次是安全，安全裝置齊全，創造一個安全環境，使旅客在心理上有安全感。旅客對室內環境佈置的心理需求是透過環境佈置，形成不同款式和風格，滿足對中國民族傳統的追求，使旅客能領略民族文化的精粹，使華僑、港澳台人士產生葉落歸根、歸宗認祖的歸屬感。外國旅遊者住進具有中國傳統風格的飯店裡，也能瞭解中國文化特色，滿足他們享受異國情調的心理需求。還有滿足對民俗風情的獵奇，使旅客能領略當地居民的風情。

5.4　改善環境主要有以下幾方面：1.庭園綠化，包括室外庭園、室內庭園、屋頂花園的綠化，使旅客沒有深入山野幽壑，就能領略大自然的風光。2.主題裝修，運用當地出產的物品和具有地方色彩的藝術品進行室內裝飾，以形成獨特的氣氛，使旅客產生獨特的感受。3.開拓意境，也是運用室內裝飾的方法，創造一種意境，使旅客產生豐富的聯想，觸景生情，進入獨特的氣氛，滿足旅客獨特的心理需求，如住進北京昆崙飯店似進入雲霧飄渺，雪峰皚皚的昆崙山，給旅客虛幻的美感。

5.5　旅客對飯店設施的心理需求，一是設施要完善，即飯店各部門的設施要齊全，使旅客生活在飯店內，處處感到方便，在心理上就會感到安慰，產生愉快、舒適的情緒，就能消除旅途的疲勞和不安。二是設施要現代化，飯店設施現代化，加上一流的服務，更會使旅客感到身心愉快，獲得高級享受。

5.6　首先是增添設施，提高服務品質。隨著旅遊業的發展，旅遊者消費需求的高漲，飯店必須增添設施，增加服務項目，以適應高需求、高享受的消費心理。其次是保持設施完好，提高服務品質。改善設施除了增添設施之外，一個重要方面是加強管理：一是要保持設施的清潔衛生，特別是客房設施的清潔衛生，這在很大程度上反應旅館的管理；二是要保持設施的功能完善。設施功能完善，才能爲旅客服務，滿足旅客飲食生活的需要，如徒有齊全的設施，卻不能使用，爲旅客服務就成了空頭支票。三是要保持設施的牢固可靠，使旅客有安全感。保障旅客的安全是旅館的一項極其重要的任務，它可以緩解旅客的心理緊張狀態，也反應著旅館管理和服務品質。

6.1　餐旅業者應具備下列幾方面良好的心理素質：一，要有正確的工作動機；二，要努力培養專業興趣；三，要有創造性思維；四，要有主動關心人的態度；五，要有熱情開朗的性格。

6.2　餐旅業者應具備的重要能力有觀察能力，注意力，記憶力，思維力和自我控制及調適情感的能力等。

6.3　觀察時要注意從細微處入手，要客觀且全面性。

6.4　注意是心理活動對特定對象的指向和集中。注意的指向是瞬間心理活動時有選擇性地指向特定的對象；注意集中則是指人的心理活動集中在特定的對象上，對其他對象暫時「視而不見」的狀態。

6.5　一，要提高認識，增強提高記憶力的信心；二，可充分利用記憶的黃金時間；三，要使用合適的記憶法。

6.6　餐旅管理人員和服務人員對顧客發怒是最要不得的，是服務之「大忌」。發怒會大大降低服務品質，甚至造成事故，帶來不可挽回的損失。發怒對自己的健康、對工作、對顧客都沒有任何好處，所以餐旅業者抑制怒氣是十分必要的。

7.1　（1）豐富的想像力和科學思維能力；（2）嚴謹的策劃和決策能力；（3）有效的組織和實施能力；（4）較強的社會活動能力和宣傳鼓動能力；（5）良好的自我控制能力。

7.2　（1）創造心理明顯；（2）情緒缺乏穩定性；（3）自我矛盾心理突顯。

7.3　個人遭受挫折後，引起情緒憤怒，常產生攻擊行為。通常攻擊可分為直接攻擊和轉向攻擊兩類。直接攻擊是指對造成挫折的人或事物採取直接攻擊行為。如某飯店員工因嚴重 過失被飯店辭退後，有可能採用謾罵、恐嚇等手段威逼主管讓其復職。轉向攻擊是一種變相攻擊，主要有遷怒、無名煩惱和自我責備等幾種形式。如某人在公司受到批評，心中不快，可能回家罵別人、打孩子、摔東西等，就是遷怒。

7.4　（1）幫助員工分析產生挫折的原因，找到消除挫折的方法；（2）教育員工正確認識挫折，提高挫折容忍力；（3）幫助員工改變情境以戰勝挫折；（4）幫助員工採用適當方法，將遭受到的痛苦發洩出去。

8.1　櫃檯是一個綜合服務性部門，服務項目多、時間長，任何一位賓客都需要大廳服務。當旅客進入或離開飯店，為他提供服務的就是大廳服務人員。大廳優質的服務是飯店服務品質的窗口，旅客看了大廳的服務就會聯想到整個飯店。大廳的環境、服務人員的相貌、儀表、態度、談吐、舉止等都具有審美意義上的「暈輪效應」，決定著旅遊者的「第一印象」。一般旅客住宿時間短，主要目的是來享受的，往往大廳所產生的深刻的第一印象還未消滅，他們就帶著美好的最後印象離開了。所以各飯店都應十分重視第一印象與最後印象在大廳服務中的特殊意義。

8.2 餐廳服務人員的儀表和形象是人精神面貌的外在表現，也是給旅客形成良好印象的重要條件。餐廳的飲食直接關係到人們的身體健康，旅客對餐廳的評價除了從美學眼光加以審視，還會從飲食衛生角度加以評價。因此餐廳人員的形象美不僅是儀表的美、態度的美，而且還應該是整潔的美。具體要求有：（1）體格健壯，容貌端莊，精神飽滿。（2）服飾美觀，清潔衛生，樸素雅致，明快和諧。（3）舉止文明，姿態優美，熱情禮貌。

8.3 客房服務人員應具備的心理（1）對旅客尊重：尊重是人格的基本保證，有了尊重，才會有共同的語言，才會有感情上的相通，服務人員應充分重視對旅客的尊重。（2）對旅客親切：對旅客的親切，能滿足賓客的自尊心，消除他們的陌生感、疏遠感和不安情緒，縮短服務人員與旅客之間的距離，取得對方的理解和支持。使旅客感到像生活在家裡一樣的溫暖和舒適。（3）對旅客耐心和細心：客房服務工作項目繁多，需要服務人員耐心、細心的工作，把服務工作做得細緻入微，完全徹底，表裡如一。（4）主動爲旅客服務：主動就是在旅客開口之前完成服務。

8.4 旅遊商品的包裝應具有以下幾個方面的心理功能：（1）可識別性旅遊商品的包裝應不同於另一種商品的包裝，包裝的圖案、形狀、樣式、內容、說明文字等均應有明顯特點。（2）方便性旅遊商品包裝不應太大太重，這樣方便攜帶，包裝還應便於開啓，用時容易，不費時間。（3）適應性旅遊商品的包裝還應適應旅遊生活的特點，食品必須密封包裝，玻璃、陶瓷品的包裝必須結實、防震性要好，便於攜帶。

（4）可靠感旅遊商品的包裝應使旅遊者感到所購買的商品是高品質的，是可靠的和可信賴的。（5）地位和身分感包裝應能賦於旅遊商品一種特殊的象徵，樹立高貴的形象，提高商品的身價，使旅遊者感到買這種商品能給他們帶來地位和身分，作爲禮品送人則更能顯示氣派與大方。（6）美感包裝的設計、形狀、線條和顏色都必須能把商品包裝的典雅大方、華貴艷麗，給人美的享受，吸引旅遊者的注意，引起他們的興趣，產生衝動性的購買欲望。

9.1 提供「針對個人」的服務要注意下列幾點：第一，沙龍美容服務人員除了應具有較好的專業技術以外，還必須有一定的美學、心理學知識，爲每一位旅客提供針對性的服務。使旅客感到自己是「特別地受尊重」。這就要求服務人員在服務過程中要善於察言觀色，揣摩心理，多徵求旅客意見。二，要根據賓客年齡、臉型、體型與要求的不同，給予旅客適當的意見，使髮型、化妝、眉型、口紅等，符合旅客的年齡、身份、體形。 三，尤其要注意尊重女性旅客的儀容與自尊，適合女性旅客愛挑剔的特點，滿足其愛美、愛乾淨之心理。

9.2 「康樂」的涵義就是健康和娛樂。康樂服務是包括飯店和娛樂業在運動和娛樂兩方面的服務。它在飯店裡的作用：（1）滿足旅客需要。（2）招徠旅客增加飯店的收入。

9.3 使用導遊語言的四原則是正確、清楚、生動和幽默。（1）正確：主要指語法、語音、語調的正確。要求導遊使用某種語言時達到基本正確就可以了。（2）清楚：它與語言的正確性是分不開的，只有正確地使用語言，才能清楚地表達思想。另外還要求詞語的簡明，用詞得當，表達內容時要層次分明、邏輯性強。（3）生動：導遊要用語言創造美的意境，打動旅遊者的心弦，那就必須在使用語言時做到形象且生動。（4）幽默：導遊語言有一定的幽默感，不僅可以使聽者解顏歡笑，鬆弛情緒，又可活躍氣氛，提高遊興。

9.4　（1）好奇心。（2）克服困難的信心和決心。（3）理解「生命的意義」。

10.1　（1）發現自己工作的疏漏和不足：旅客的投訴是對飯店的關心，是對飯店寄於期望的表現。從旅客投訴中，我們可以瞭解飯店管理和服務中存在的問題，發現工作中的弱點、漏洞和不足，以便有針對性地採取措施，加以改進。（2）加強旅客跟企業之間的感情聯繫，改善旅客對本企業的印象。（3）在公眾場合，若處理不好旅客的投訴，會惡化旅客情緒，還易引起其他旅客的注意和圍觀，給飯店的形象和聲譽帶來極壞的影響，又影響了潛在客源和回頭客。

10.2　（1）高度重視旅客的每一個投訴：所有的旅客都是飯店最重要的人，不分國籍、民族、膚色、職業、性別、年齡、地位，對 他們的每一個需求都看做是大事。因此，他們的失望和投訴當然要被視爲至關重要的事情。（2）飯店應採取各種措施方便旅客投訴。飯店應該在制度、人力、設備方面給予方便，讓旅客知道如何投訴，採取何種方式最省時有效，向何處或何人投訴最直接。飯店更應明確告訴旅客，他們有保護自己權益不受損害的權利和飯店眞誠歡迎他們指教的態度，從而鼓勵旅客提意見。（3）飯店應眞心實意的感謝賓客的投訴。在旅客尚未作出投訴決定之前，飯店應表示衷心歡迎的態度，一旦發生投訴，飯店則應迅速處理，並致信賓客表示謝意。處理完畢應速將結果告訴賓客，並聽取他對處理的看法。

餐旅心理學

主　　編☞ 喬正康
校　　閱☞ 張琬菁
出 版 者☞ 揚智文化事業股份有限公司
發 行 人☞ 葉忠賢
責任編輯☞ 賴筱彌
地　　址☞ 台北縣深坑鄉北深路 3 段 260 號 8 樓
電　　話☞ (02)2664-7780
傳　　真☞ (02)2664-7633
登 記 證☞ 局版北市業字第 1117 號
印　　刷☞ 鼎易印刷事業股份有限公司
初版四刷☞ 2011 年 8 月
定　　價☞ 新台幣 350 元
I S B N ☞ 957-818-289-9
網　　址☞ http://www.ycrc.com.tw
E-mail ☞ tn605547@ms6.tisnet.net.tw

國家圖書館出版品預行編目資料

餐旅心理學／ 喬正康主編.
-- 初版. --台北市：揚智文化,
2001[民 90]
面； 公分

ISBN 957-818-289-9(平裝)

1.消費心理學 2.觀光心理學

496.34 90007153